庭院深深
家庭庭院设计与打造

[英] A.&G. 布里奇沃特 （A.&G.Bridgewater） 著

李娟 译

中国水利水电出版社
www.waterpub.com.cn
·北京·

内 容 提 要

庭院可以满足你的所有要求——阅读、与家人嬉戏、疗愈身心、种出美味蔬菜等，还可以修池塘、露台、木屋……选择之多，令人无比兴奋。也许你的庭院并不比一间小房间大多少，但这并不妨碍你将它打造成家中最棒的"房间"。这本书将带你了解建造庭院的全部阶段，从规划、绘制图纸到选择工具、挖掘、建筑墙体、种植、采购等。不必让梦想继续等待，现在就可以将梦想变成现实。

北京市版权局著作权合同登记号：图字01-2018-6629号

Original English Language Edition Copyright © **AS PER ORIGINAL EDITION**

IMM Lifestyle Books. All rights reserved. Translation into SIMPLIFIED

CHINESE **LANGUAGE** Copyright © 2020 by CHINA WATER & POWER

PRESS, All rights reserved. Published under license.

图书在版编目（ C I P ）数据

庭院深深 ： 家庭庭院设计与打造 /（英）A.&G. 布里
奇沃特著 ； 李娟译. -- 北京 ： 中国水利水电出版社，
2020.11
（庭要素）
书名原文：GARDEN DESIGN & PLANNING
ISBN 978-7-5170-8972-8

Ⅰ. ①庭… Ⅱ. ①A… ②李… Ⅲ. ①庭院—园林设计
Ⅳ. ①TU986.2

中国版本图书馆CIP数据核字(2020)第204268号

策划编辑：庄晨　责任编辑：王开云　加工编辑：白璐　封面设计：梁燕

书　　名	庭要素 庭院深深——家庭庭院设计与打造 TINGYUAN SHEN SHEN——JIATING TINGYUAN SHEJI YU DAZAO
作　　者 出版发行	[英] A.&G. 布里奇沃特（A.&G.Bridgewater）著　李娟 译 中国水利水电出版社 （北京市海淀区玉渊潭南路 1 号 D 座　100038） 网址：www.waterpub.com.cn E-mail：mchannel@263.net（万水） 　　　　sales@waterpub.com.cn 电话：（010）68367658（营销中心）、82562819（万水）
经　　售	全国各地新华书店和相关出版物销售网点
排　　版	北京万水电子信息有限公司
印　　刷	雅迪云印（天津）科技有限公司
规　　格	210mm×285mm　16 开本　5 印张　155 千字
版　　次	2020 年 11 月第 1 版　2020 年 11 月第 1 次印刷
定　　价	59.90 元

前 言

当你把客人带到庭院中，他们会瞬间变得更放松、更健谈。他们的笑容更加灿烂，谈话声音更洪亮，手势幅度也越来越大，迈着大步来回走动，看上去更加开心。能说出"美好的室外环境是我们的自然栖息地"这种话的人肯定深谙院之美。庭院的美妙就是如此独特。

某个炎热、黏腻的夏日，你结束了一天的工作，或者你还开了很久的车回到家之后，来到庭院中放松身心，还有比这更美好的事吗？对所有人而言，庭院就是一切——阅读的地方、种出美味蔬菜的地方、将自己的梦想变为现实的地方，比如搭建小木屋、挖洞、修池塘、养鸡，你能想到的任何事都可以在庭院中实践。露台、池塘、棚屋、瑞士木屋、烧烤、菜地和草坪……选择之多，令人无比兴奋。

你的庭院或许并不比一间小房子大多少，但这并不是说你不能将其打造成家里最棒的"房间"，比如可以建成一间带天花板的往天空绵延的房间。这本书将带你浏览一座庭院所需的所有建造阶段，从规划、绘制图纸到选择工具、挖掘、建筑墙体、种植、采购，此外还有更多流程。不必再继续畅想……现在就可以将梦想变为现实。

季节

由于气候及气温存在全球甚至地区性的差异，本书中所有的种植建议是依据四个主要季节给出的，各季节细分为"初""仲"和"晚"——初春、仲春和晚春。如果你觉得这些划分有用，可将一年中的12个时期应用于当地相应的月份。

关于作者

作为成就斐然的园艺师和主题广泛的庭院DIY书籍作者，艾伦·布里奇沃特和吉尔·布里奇沃特享誉国际，主题包括庭院设计、池塘和露台、石头和砖砌建筑、平台和装饰、家庭木工，他们也为几份国际杂志撰写文章，现住在英国东萨塞克斯郡拉伊镇。

目录

享受你的庭院

虽然开始时你可能有一些预想，比如你希望庭院必须是正式风格，或者你想在庭院中种菜，但修建完成的庭院呈现出来的必然是你希望拥有的与实际拥有的结合体，包括选址、庭院面积、你家的风格，诸如此类。将自己的需求列个清单，尽力设想所有的可能性，然后就此开始，这便是最佳的准备方式。

我该如何建造一座属于我的最佳庭院?

你的需求

按照优先顺序将自己的需求列成清单。你的需求也许不明确，但你大概会知道自己绝对不想要的东西有哪些。如果遇到这种情况，就列出你不想要的东西，然后再一一排除，逐步得出自己想要的东西。

可能性

看一眼自己庭院的土地面积和位置，再根据自己的预算考虑所有的可能性。你也许想建一个大湖，但如果你的庭院只有中等面积，预算也是中等水平，你最好调整自己的需求，从而选择建造合适面积的池塘。

改良和演变

一般而言，庭院会随着时间流逝而不断改良和修整。植物会越长越大，种植了新的品种，草坪改成了花圃等。

即便面积小到不能再小，我们也能将之改造成优雅、抚慰人心的港湾。

庭院风格

虽然只有两种基本的庭院风格——非规则式和规则式，但在这两种风格基础上，还可以演化出多种风格。比如，你可以将庭院打造成非规则式的农家果园型庭院或非规则式的野生庭院；也可以打造成古典庭院，将与对称平面图有关的特色全部加上；还可以打造成有特色的日式庭院。

非规则式风格

↗ 有苹果树和牧草的天然露台。

← 野生动植物保护区赋予了园艺工作一个新维度，最适合小而安静的偏僻地方。

规则式风格

→ 一个小的规则式庭院，可随季节变化而改变庭院中的植物。

↗ 一块石球可以变成醒目的特色。

主题式风格

↗碎石区最适合建成日式庭院。

评估你的庭院

从何处着手？

成功的庭院可以说是你实际拥有的和希望拥有的东西的完美结合。第一步，在庭院里花些时间，看一眼空间、水平面、墙壁等，然后决定你希望从庭院中获得些什么。你喜欢园艺工作吗？还是说，你只是想享受户外风光？请考虑一下自己有多少预算，再考虑一下自己的体能。大体考虑一下可能性，再慢慢开始制订计划。

面积

庭院面积与设计十分相关。如果你并不喜欢园艺工作，只想有个放松和读书的地方，2000m²那就太大了，不过如果你想种上自己要吃的所有蔬菜，那么这个面积可能就有点小了。不管是大是小、是长是宽，你都可以将其视作你家里的房间，充分利用庭院中所有的东西。

形状

充分利用不规则形状的空间——细小、宽、三角形、L形或任何形状，都有可能打造出令人惊艳的独特庭院。难以处理的角落可能是个问题，但这样的形状可以打造出更加不同寻常的庭院，让你家的庭院可以脱颖而出。

坡度较大的地方

在坡度较大的地方打造庭院也非常有趣。按照辛苦程度和花费高低升序排列，你有三种选择。你可以利用坡度维持原样；也可建造升高的平台，以构建登高的露台区；而最难的是建造一个或几个屋顶平台。如果你想要建屋顶平台又想降低成本，而且不介意多付出点辛劳，最好将现有的土壤铲除。

朝向

在一天中不同的时间站在庭院中，看一看房子、树木和太阳的位置。你无法挪动房子，就只能设计好庭院，以充分利用好太阳、遮阳物和隐蔽性。比如，如果你希望露台全天阳光充足，或希望菜地全天阳光充足又隐蔽在房子看不见的地方，就可以利用朝向来设计。

南

早上阳光明媚　太阳　　下午阳光充足

东　太阳　　　　　　　　　　太阳　西
早上　　　　　　　　　　　晚上

遮阴　　北　　阴暗

设计庭院时充分利用太阳光线。

地表裸露的施工区

平常的庭院植物都不喜风，在裸露的施工区打造庭院的关键在于尽可能多地建造防风物，比如墙壁、栅栏、棚屋等，然后在草地上或受防风物遮挡的一侧种上耐不良环境的植物。种上这些植物之后，中间围起来的地方就会暖和很多，也不会吹进来风，非常适合种植中等耐寒至完全耐寒的植物。

土壤类型

你多半别无选择，只能好好利用它独有的类型与条件进行园艺工作。土壤类型影响着你可以种什么。不要过于担心土壤的pH值，不管是酸性还是碱性的土壤，只需留心它是多沙、潮湿、干燥、黏土还是多岩石，然后在当地四处看一看，选择适于在该土壤类型中生长的植物。

大型永久景观

大多数情况下，庭院设计必须围绕大型永久性景观而进行，比如参天大树、邻居家的棚屋后墙、俯瞰庭院的高墙或路灯。如果你不喜欢邻居家的棚屋后墙，何不自己建一间棚屋，搭建爬满生机勃勃的藤蔓植物的格子架，建起高高的漂亮栅栏，来挡住邻居家的棚屋呢？要试着将邻居的棚屋后墙为己所用。

你和你的庭院

庭院给了你打造自己私密天堂的机会，这是它的妙处。当然，你必须考虑朋友和邻居的需求，不过首先必须认识到你自己的需求，那就是你想要和不想要的所有东西。

阳台花园

打造小型阳台花园，最佳方式是采用各种各样的容器，可以将其固定到栏杆上，当作窗台花盆使用，也可挂在墙上，一层层排列好，或分门别类摆在地上、通往房子的门边，诸如此类。采用容器栽培植物可以模糊室内外空间的界限。

屋顶花园

这多半取决于屋顶的面积，一般来说，采用优质材料铺设地板总是一个好的选择，比如瓷砖或防水材料，还要购买优质家具，尽可能多地找来如瓶瓶罐罐之类的容器。

适合各类庭院风格的创意

你的庭院可能或多或少都有些非常棘手的问题，不过我们有各种各样令人拍案叫绝的点子和方法帮你解决问题。

遮阴较多、土壤湿润的小庭院：尝试打造成森林主题，开辟一小块休息区或"林间空地"，阳光可透过树叶缝隙投下光斑。去找喜潮湿遮阴环境的树木，比如蕨树、常春藤、草地和竹子、玉簪、玉竹、报春花以及绣球花。

遮阴较多、土壤干燥的小庭院：林间空地主题是不错的选择，在花坛周围种上灌木和乔木，比如倒挂金钟、爬山虎（五叶地锦）以及枫树。为了打造这片"林间空地"，应多种点草坪，还可以在灌木乔木周围多撒点木片等护根物，丰富这个主题。

阳光充足、土壤干燥的小庭院：建一座瑞士木屋或凉亭，置于阳光最充足的地方，然后种一小片花，比如凤眼蓝、水薤和各种各样的百合。

坡度较大的石质土庭院：利用石头较多的自然环境，打造成大型高山岩石庭院。放几块大奇石和石槽，种上高山植物，比如百里香、景天（垂盆草）、屈曲花（白烛葵）和针叶天蓝绣球（丛生福禄考）。

湿黏土土质大庭院：将整个庭院改造成大水景庭院，中央带个天然大池塘，还有承接池塘溢水的沼泽园。在池塘中种上所有寻常植物，池塘边与湿生植物无缝衔接，比如鸢尾花、报春花、蕨类植物及萱草（黄花菜）。

墙靠墙房子的庭院：在庭院尽头建一座瑞士木屋，小屋每一面都搭建格子架，然后等待藤蔓植物爬满小屋。可以多种铁线莲，分别种上春夏秋冬不同的品种，这样一年四季都有绿叶、蓓蕾和花朵。

房子在坡上方的庭院：在房子旁修建一个平台，平台旁修几级台阶，通往草坪和花圃。可以在地势稍低的庭院中建成农家庭院风格，庭院中种上各式野花，比如紫罗兰（香堇菜）、水枝柳（千屈菜）和剪秋罗（知更草）。

房子在下坡处的庭院：在房子旁边挖个洞，建一个露台，可以修建往上爬坡的台阶，在坡上修建池塘，借助地势高低不同引流成瀑布。可以坐在露台上欣赏从坡上爬下来的水景和植物。

四面高墙的小花园：在所有墙壁上搭好网格和格子架，种上各种各样的藤蔓植物。你可以在背阴的墙上种爬山虎（五叶地锦），在向阳的墙上种紫藤和金银花（忍冬）。

墙壁围起的小庭院：搭建个差不多可以填满整个庭院的棚架，棚架顶上盖上透明塑胶片，整个院子就都有屋顶覆盖了。在一面墙上设计小景墙，棚架底下种葡萄藤，不管天气如何，都可以坐在外面。

愿望清单

每个好想法开始之前，都要写下愿望清单。坐下来想象一下庭院将来的模样，正是享受园艺工作的良好开端。我希望能有……

烧烤：可以选择砖砌烧烤炉，只需要修建露台区，围坐在烧烤炉旁。

花圃和花坛：花圃和花坛就像不断变幻的银幕，你可以在其中填满所有你喜欢的颜色。

鸟池和喂鸟器：鸟池和喂鸟器是必不可少的。冬天在庭院中欣赏风景的同时喂鸟，看着鸟儿戏水。

瑞士木屋：很多人梦想拥有一座瑞士木屋，孩子们可以在里面玩耍，天气又热又潮时也可以在里面睡，想想就很惬意。

果树：苹果和李子都不错，刚从树上摘下来的果子才最特别，这是大自然的礼物。

温室：如果想从初春到初冬都能够享受庭院，你可能需要建一间温室。

香草园：阳光充足的露台是个不错的选择，不过种满了百里香、鹿尾草、墨角兰及其他香草的露台，更加不错。

孩子们的庭院：孩子们需要玩耍的地方，攀登架是不错，不过有个可挖洞、露营、疯玩乱玩的地方，更加不错。

草坪：草坪区必不可少。割草可能有点惹人厌，不过刚割过草散发出来的清新气味以及坐在草坪上的乐趣，这些都不应该错过。

小木屋：如果有什么是梦想中的东西，那这便是了。可以将小木屋打造成任何你想要的空间，比如工作室、度假屋、儿童房或盆栽棚。

露台：在阳光和煦的温暖日子里，跟亲友们坐在露台上聚会，还有比这更快乐的事吗？建一个好露台是个不错的选择。

棚架：位置合适的棚架也是个不错的选择，很适合为露台遮阴，可以种葡萄，可以遮去难看的东西。

池塘：水有不可抗拒的神奇特质，能够给我们带来快乐，看到流水，听到水声，那种感觉妙不可言。

栽培床：栽培床不仅让园艺工作更加简单，减少干活时弯腰的次数，还可以阻止小孩和宠物破坏植物。

凉亭：凉亭是喝下午茶、读书的好地方，就算是想安静地沉思，凉亭也很合适。

菜地：这是种菜的好地方。如果你喜欢新鲜食物或想吃有机食物，那么菜园非常适合你。

野生动物：鸟儿、虫子、青蛙、蟾蜍、蜻蜓以及各种各样的小动物……野生动物庭院能带来独特的快乐。

收集灵感

从何处开始？

庭院设计师需要从他的经历和热情中汲取灵感，这跟诗人和艺术家由兴趣和热情中汲取灵感差不多一样，比如从浪漫的爱情、伟大的自然、高超的技术、美妙的旅行中获得灵感。不管你喜欢的是什么，也许是树、玫瑰、水、旅行、在庭院中用餐、看孩子们玩耍，从这些让你身心愉悦的事中汲取灵感，就是最好的出发点。

寻找和收集

那些永久存在的大型物件将长期与你共存，比如房子、界墙和大树，你可以留意此类东西的风格，然后看一看你已经收集好的东西。比如你可能已经收集了很多航海用物，如锚、玻璃浮标、链子，如旧路灯、旧农场物件、特殊植物，甚至还有可能是你度假的照片，都可以从中获得灵感。

一堆竹子很有可能会给你灵感。

最喜欢的植物也可能给你很棒的灵感。

试试从维多利亚时代的路灯中获得灵感。

美丽花园明信片中也可能有你想要的东西。

书、杂志和电视节目

想出粗略的计划之后就可以通过浏览书籍和杂志、看电视节目透彻地调研一番。将你想呈现在自己设计中的点子一一收集起来，比如颜色、植物、材料、建筑、家具，任何能打动你的东西都可以收集起来。

制作一个剪贴簿，将杂志上的豪华房子、花或雕塑的照片剪下来保存好。

庭院中心和苗圃

庭院中心和苗圃是寻找创意的好地方。你可以带上相机、纸和笔，记录一切有趣的事物。收集大量数据以充实和支持自己的创意，比如植物种类、颜色、生长习性，诸如此类。如果你打算设计主题庭院，比如日式庭院，找一些你知道的用途较多、传统或特有的植物、材料和产品。

你可以在庭院中心或苗圃中流连，注意任何能激发你灵感的东西，比如与众不同的容器。

你可以在不同的展览中慢慢徘徊，拍摄你觉得贴合你的庭院主题的植物、产品和特色物件的照片。

参观庭院

如果你朋友家打造出了漂亮的庭院，下次拜访时请教下他们是如何准备的、设计是如何完善的。

参观面向公众开放的世界知名庭院也是个好方法。比如英国皇家园艺学会在威斯利和海德庄园的庭院，世界各地也有各种各样的大宅。皇家园艺学会的庭院很多都是由知名设计师和专家设计的，这一点尤为特别。

一座带有传统英国棚架的庭院，实心正方形的砖柱顶上架着橡木梁。

精心打理的花坛是视觉享受，如此令人惊艳，让你不禁想复制下每一个细节。

有时，特别的植物和建筑就足以激发你的灵感了，比如这个摆放在玫瑰拱廊下的雕像。

你喜欢的植物

列出你喜欢的植物常用名和植物学名，再简要写上生长习性等细节，找些杂志照片作为参考，跟朋友、家人和邻居请教关于这些植物的信息。

不适宜的植物

根据自己的设计，看一看你的清单，删去明显不合适的东西。你可能喜欢某种植物的颜色和气味，但如果植物长大之后，院子里长不开，或者大到没有孩子们玩的地方，那就不适合种植。如果你想要的是封闭型小庭院，那么植物的大小和生长习性就尤其重要。

其他灵感来源

著名画作： 画作能够给人带来灵感。比如，基于莫奈的《睡莲》设计庭院，如何？

记忆： 在你祖父家的苹果园中踱步，好好玩味造型独特的果树……这些记忆最有可能给你带来灵感。

幻想： 如果你幻想住在热带岛屿上的小屋里，你可以将自己的幻想融入到设计中。

乡村小路： 河流的弯道，木桥，河畔杨柳……乡村小路总能给人很多灵感。

文化影响： 如果你曾经坐在地中海的庭院中或坐在印度的凉廊下，如今回想起来甚是愉悦，那么何不为自己打造一座这样的庭院呢？

融合所有元素

所有家人都喜欢的东西 将所有家人的喜好融入设计中，比如大人、孩子甚至连宠物的喜好都考虑在内，这一点很重要，务必确保大家都喜欢最后设计出来的庭院。

决定舍弃什么 如果你有顾虑，比如担心孩子们跌落池塘或对某些植物敏感，那就在庭院设计中舍弃这些元素。

折中或温馨的和谐 大多数庭院都会变得和谐统一，不过如果你知道自己喜欢什么，知道自己想要的是将一堆不相关的风格和形式糅合在一起，这些都由你选择。

按比例缩小 有时，你不得不妥协。如果某个元素太大，以至于太过危险，或者院子里种不下所有的橡树，你就别无选择，只能按比例缩小。

成本和时间 归根结底，大部分设计都取决于金钱和时间。你可以将创作时间延长至几年，找朋友帮忙，四处寻找合适的植物，不过你可能也需要缩减基本的原料成本，比如石头、木材、水泥等建筑材料。

设计技巧

这有点令人兴奋。你参观了大宅和名家设计，拍了很多照片，对一切都产生了激情，仔细分析你收集的资料，删减一些不合适的内容，这时脑子里创意满满。说到好的设计，如果你遵循"形随功能"这条原则，就很有益处。这就是说，你的最终设计应该平衡、融合你的功能需求、创意和激情。

长而规则的池塘或水道将露台和庭院其他部分连接在一起。天然大地色砖块和对称的布局呈现出传统或古典的设计风格。植物可种植得稍微不规则一点。

一个带有海滩风格的防水露台，搭配顶上铺有蓝绿色碎石的花箱，十分醒目。这种完全现代的设计注重色彩、质地和功能。

好的设计、糟糕的设计，品位和风格

说到设计，物件和建筑必须实用，这才是好的开始，比如大门必须能开、座位必须舒服、台阶必须安全等。如果你想要高雅的品位或好的设计风格，那么最好利用已经经过时间考验的可靠的经典形式。如果找没人尝试过的、前沿的形式和意象，那你可能要冒险，当然就眼前来看，你的设计可能会被人说成是品位低下或风格糟糕，但可能仅仅是因为没有经过时间的检验。

从现有的设计中汲取灵感

从现有的设计中汲取灵感与直接复制某个设计之间有一条界线。如果你参观某个庭院，并为之兴奋不已，然后你向它学习，打造自己的庭院，其实就是从中汲取灵感。不过，如果每一块石头、每一朵花都与它一致，那就仅仅是复制了。

原创新点子

采用原创新点子总是好的。试着重视小物件的原创性，在这些小细节之后，再进行大的原创性点子。但是，不必为了原创而原创。当然，致力于原创总是好的，但如果失败了也不要过于烦恼。

庭院演变

庭院会逐渐演变，这倒是极好的一点。从置入结构体开始，比如小路、墙壁和硬化区域，然后随着植物逐渐长大、长密，你的行为也逐渐改变，你会发现，你必须会调整结构形状，以适应整个风格。

和谐和对比

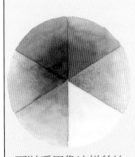

字面来看，"和谐"这个词形容的是彼此相似的形式、色彩和质地，融合在一起呈现出巧妙之感。可以将红砖、石块和木材的组合描述为和谐。"对比"这个词形容的彼此不相近或相反的形式、质地和色彩。奇怪的是，黑色对比光线或粗糙对比平滑，这样的对比反而成为了视觉的享受。比如，抛光大理石跟粗制的橡木形成鲜明的对比，这样的组合看来却令人更加兴奋。

可以采用像这样的比色转盘，打造不规则式的庭院。

园林设计小贴士

利用好你拥有的东西：尽己所能保持和利用你拥有的东西，比如成材的树、地上的坑和凹陷处以及岩石和水池这样的自然特征。

土体稳定性：避免用湿土和渍水土壤或斜坡上的土体进行大型调整。如果你存在疑虑，请征求别人的意见。

房子必须与庭院协调：园林设计的目的是为了给房子提供支撑和依偎之所，那么房子必须在其中"怡然自得"。

争取最好的视角：从房子里往外看，你打造出来的庭院必须呈现出最佳状态。如果你做到了这一点，从庭院各处望向房子，也能呈现出尽善尽美的状态。

从大自然中汲取灵感：最简单的完善方式便是从一件自然之物中汲取灵感，比如林间空地、山谷、山坡。

材料和谐：取自当地的新材料最好不过，比如当地的砖、当地的石块、当地的木材。

规模和谐：要设计与房子规模相辅相成的结构，而不是喧宾夺主的庭院。

种植小贴士

如果将打造庭院比作绘画，那么种植植物就是给这幅画上色。但这需在庭院结构确定之后再进行。

气候条件：所种植物必须适应当地的气候，如果当地多风，易遭受霜冻，那么种植娇嫩的植物就没有益处。

土壤条件：植物必须能适应土壤。如果你家的土壤主要是黏土，那就不要种喜钙的植物。

光照和遮阴条件：看一看太阳在庭院上方东升西落的路径，区分光照区和遮阴区，再相应地种植植物。

大小：要注意植物将来的大小，它们完全长大时的宽度和高度，尤其要留心有些松柏植物生长得非常迅速。

一年到头的颜色：植物的选取应该多样，这样一年到头都能看到绿叶、蓓蕾、茎和鲜花的多彩。

容器栽培植物：这种植物全年都可以购买和种植。

写下注意事项及绘制草图

走到庭院中用彩笔和格子本画草图是个好主意。测量庭院，决定庭院的规模，按比例缩小画出庭院的平面图和透视图，在其中标注你重点规划的特别区域的细节（见右图）。在网格本上画出你已经有的东西，然后画出你希望改变哪些部分。这些改变将影响你如何利用庭院空间，试着将这种影响可视化。在庭院里放些标记物，这样的话，你就能更容易地想象这些改变了。

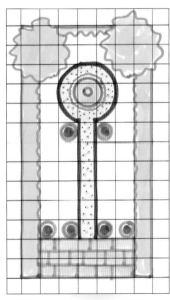

张庭院平面图（俯瞰）可以按比例缩小画在网格纸上。在某些区域着色有助于观看。

用绳子、软管或链子，再用短尖桩固定，就可以圈出不规则形状。

庭院透视图比平面图更难画，但这是将你的设计形象化的最佳方式。

重要的特色设计可以用更详细的方式单独画出。

记录和绘制

如何绘制设计图？

如果你想整个项目顺利开展，就需要策划一切，并在图纸上记录下来。过程如下：首先画草图，测量之后将庭院现有的样子展示出来；接下来，将这些细节转移至方格纸上，绘制"原庭院总平面图"（按比例绘制）；然后，在原庭院平面图上铺一张网格纸，根据需要临摹边界和现有的物件，绘制新庭院的"总体规划设计图"。

关于方格纸 你需要一本绘图方格纸，就是那种上面印有格子的薄纸，尽可能找到最大的方格纸本。看一看庭院的大小，假如是长30m、宽25m，然后决定你的网格纸的大小。数一数方格纸的长多少个方格，按照庭院的长度划分，分割成与总体最为接近的方格数。比如，如果纸长100个方格，那就可以说纸上1个方格等于庭院的30cm。

测量庭院 使用长卷尺测量你的庭院。你可以先量长度，将该测量值标在方格纸的长边，然后重复这个过程，测量庭院的宽度，再将其标在方格纸的宽边。

直角——90°角 通过测量对角线检查是否直角。比如，如果不管怎么测量庭院都是正方形或矩形，那么对角线的测量值应该差不多相等。

不规则形状 对于不规则形状的院子，你可以在两个固定的点之间画一条直线，比如两棵树。沿着这条直线，以固定的间隔距离步测这个不规则形状的曲线距起始点有多长。

绘制原庭院总设计图

朝向
利用指南针在绘图中确定东南西北。标出早上、正午、傍晚太阳的方位。

边界
一定要用较粗的线标出整体的边界轮廓。

小路
在可能需要小路的地方进行标记。

保留这个
你决定保留的现有的结构。

房子
标出房子的位置，明确指出房子如何影响边界。

邻居家的树
邻居家的树会影响自家庭院设计，所以必须在绘图中标出这些树。

永久性特色物
必须将所有永久性的特色物绘制出来，比如成材的树、房子或露出地表的岩石。

排水通道
标出检修孔和下水道井盖的位置，必须方便进出，以便维修。

大门
标出大门的位置。

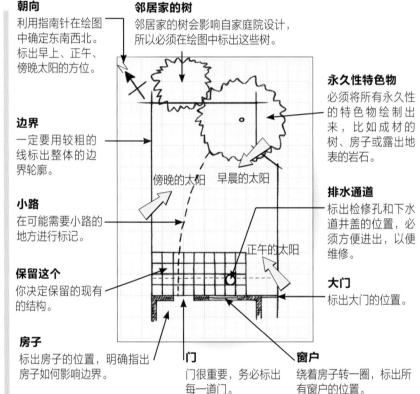

傍晚的太阳　早晨的太阳　正午的太阳

门
门很重要，务必标出每一道门。

窗户
绕着房子转一圈，标出所有窗户的位置。

你需要标在总平面图中的物件

- 东南西北
- 正午的太阳
- 边界轮廓
- 你想保留或调整的物件
- 房子
- 成材的树
- 邻居家的树
- 地下管道和电缆
- 房子的门
- 房子的窗户
- 下水通道点
- 庭院正门

小路和车道

如果总平面图记下了你别无选择、只能保持不变的物件和结构体，现在你可以选择要不要标出小路和车道的位置。由于前门和前大门的位置都是固定的，于是小路也就得保持不变，但也不一定必然如此。不过，在图纸上标出它们，一般不会出错。

横断面图的斜坡

绘制横断面图是记录斜坡最简易的方式。在方格纸上绘出下坡的长度，标出"高度"线。你需要将水平尺（木工用）绑在2m高的板条上。从斜坡顶上开始测量，站在地上握着板条的一端，以确定水平面，测量板条悬伸的那一端到地面的垂直距离，在图纸上标出这个测量值。随后沿着斜坡逐渐往下测量，直到测出所有高差。

绘制新庭院总体规划设计图

描绘总平面图 在总平面图上铺一张方格纸，以底下的平面图为基础标注出在新庭院中你想要的东西。在绘制出满足你所有需求的平面图之前，你或许要重复这个过程十几次甚至更多次。

用铅笔绘制设计 完成初步平面图之后，再在它上面铺一张方格纸，用铅笔描绘出来。这张新图纸就是你的"总体规划设计图"。现在，你应该有两张完成的图纸了——记录庭院基本要素的总平面图以及展示新庭院的总体规划设计图。你可以复印总体规划设计图，就可以拥有很多副本了。

单独的细节图 有些建造工程本身就很复杂，需要工作图纸。比如修建水景的话，就需要主视图、前视图和横断面图，以展示建筑物的构造。

着色 绘制彩色图纸可以展示庭院在一年内不同的时间的模样。绘制彩色图纸需要在总体规划设计图上铺一张普通白纸，将之铺在窗户上（透光处），描绘出来，再用彩色铅笔或水彩颜料着色。

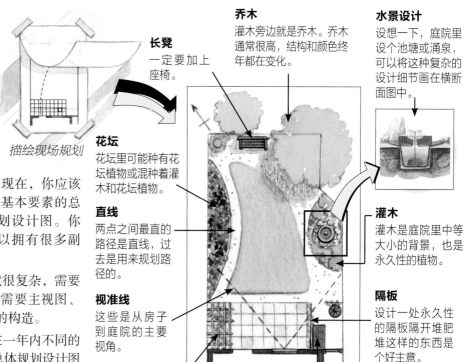

描绘现场规划

长凳 一定要加上座椅。

乔木 灌木旁边就是乔木。乔木通常很高，结构和颜色终年都在变化。

水景设计 设想一下，庭院里设个池塘或涌泉，可以将这种复杂的设计细节画在横断面图中。

花坛 花坛里可能种有花坛植物或混种着灌木和花坛植物。

直线 两点之间最直的路径是直线，过去是用来规划路径的。

视准线 这些是从房子到庭院的主要视角。

棚架 搭建相宜的棚架能遮阴。

灌木 灌木是庭院里中等大小的背景，也是永久性的植物。

隔板 设计一处永久性的隔板隔开堆肥堆这样的东西是个好主意。

必备要件 庭院都需要收藏旧工具、木棍和木桩、堆肥堆、旧水桶以及诸如此类的物品的小角落。

计算所需材料

可以通过计算所需材料数量，批量订购节省时间和成本。

面积

矩形——长乘以宽得出面积。例如，$30m \times 15m = 450\ m^2$。

圆形——圆的面积是 π 乘以半径的平方，$\pi \approx 3.14$。比如，直径为 3m 的圆面积是 3.14×1.5^2，也就是说 $3.14 \times 2.25 = 7\ m^2$。

不规则形——在这个不规则形上面画个方格网，找出每一个方格区域，测量总共有多少个方格，将此数值乘以一个方格代表的面积。

体积

体积是底面积乘以高。比如，测量值为 $90cm \times 90cm \times 90cm$ 的水槽体积为 $729000\ cm^3$。

草皮 一般以规则形状出售——通常是30cm宽，45cm长

土壤 通过吨袋或货车荷载按立方米出售

碎石 通过吨袋或货车荷载按立方米出售

砖块 可单卖，也可按千块出售

掺好的混凝土 按立方米或按吨袋出售

最适合的植物

可选的植物有成千上万种，难的是找到与你的庭院相配的植物。植物部分见本书P56~P79，每个类别都列举了最佳的几种植物。

乔木：一年四季都呈现出好看的颜色和结构——树叶、开花、水果和树皮（见P56~P57）。

树篱：树篱构成了完美的边界，可以吸引野生动物，丰富了一年四季的色彩，增添了乐趣（见P58~P59）。

灌木墙：灌木墙非常适合小庭院（见P58~P59）。

藤蔓植物：庭院由墙壁或栅栏围绕时，藤蔓植物必不可少（见P60~P61）。

多年生草本植物：有些植物能生长几年时间，才会拔起、分株（见P62~P63）。

花圃植物、一年生植物和二年生植物：夏季花圃里主要有这些植物（见P64~P67）。

水生植物：庭院边上、沼泽区和水域内也需要种植植物（见P70~P71）。

竹子和草：如果你想在抬高的花坛和容器中种植，那么竹子和草地就很适合（见P72~P73）。

其他植物：包括岩石、岩屑以及沙漠植物、盆栽植物、香草、水果和蔬菜（见P68~P69及P74~P79）。

制订工作规划

为什么要制订规划?

良好的庭院设计关键是要做好规划。如果你希望项目顺利开展，就必须深思熟虑，按部就班地进行。仅仅是没头没脑地冲动行事，并没有益处。你必须将任务按照顺序尽可能详细地排列。最好先确定边界，然后再进行工作，按照顺序整理好任务，比如地水准面、基础设施、特色物、草坪，最后是种植。

按部就班的工作顺序

第1步
边界
跟邻居们最终确定精确的位置和高度，然后测量好，修建墙壁和栅栏。

第3步
主要基础设施
修建主要的基础设施，比如挡土墙、主路、车道和地基。

第5步
草坪
一定要保证草坪区排水良好。用耙子耙、碾平地面，然后撒种子或铺草皮。

第2步
地水准面
挖池塘，一般将挖出来的土放到水坑的四周，以满足自己的需要。注意不要埋掉珍贵的表层土。要置入排水沟、水管和电力电缆。

第4步
特色和细节设计
修建主要特色物，比如池塘、泳池、棚屋和露台；继续完善细节，比如台阶、小路、大门以及草坪和花坛的边界。

第6步
种植
准备好花坛和其他种植区，然后种下所选的灌木、藤蔓植物、乔木和花坛植物。

聘请园林设计师还是自己动手?

当然，你可以聘请园林设计师为你服务，不过费用有点高，而且更糟糕的是，你会错过其中的所有乐趣。目前，最佳的综合性选择就是自己进行设计、施工。如果按照DIY的办法，你可以控制成本，在施工过程中还方便修改；也非常有益健康，还可节省健身费用；没有时间的硬性要求，还可以和亲友一起打造庭院，享受其中的乐趣，比如孩子们就很喜欢挖洞。

第1步 边界

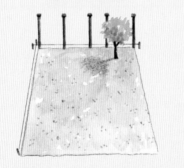

要注意，邻居们争论最多的一般是树篱或篱笆桩太高，所以一定慎重确定庭院的边界。整理好树篱和/或在树篱前面修建第二排栅栏。你如果重建栅栏或围墙，一定要跟邻居沟通。一次只更换一小段栅栏或围墙，这样你跟邻居就可以了解变化情况了。

第2步 地水准面

如果你家是斜面地基，那你有三种选择：可以保持原样作为特色，或者修建低矮的挡土墙以及一连串露台，也可以修建一道或多道高挡土墙，让整个庭院变平坦。要知道改变地表平面会影响邻居家的排水，所以你不能垫高住宅墙体或栅栏旁的地面。

第3步
主要基础设施

　　修建各种各样的主要挡土墙以阻挡土体，然后继续修建栽培床的墙。主要挡土墙一定要宽，有排水点和良好的地基。高于90cm的挡土墙需要将铁条置入地基中加固。修建小路、车道以及修建棚屋、台阶、花坛、草坪和砖门柱时也要打坚固的地基。

第4步
特色和细节设计

　　修建主要特色物，比如放在下沉池塘里的池塘衬垫；围绕抬高的池塘修建围墙、铺露台、清理小路、建造棚屋；然后继续修建台阶、小路、池塘和乔木的边界。修建砖门柱，装饰大门，修建棚架和格子架，铺好草坪和花坛边界。如果你必须挖洞或进行其他将庭院搞得乱七八糟的事情，最好趁这时候进行。

第5步
草坪

　　要注意，草坪区对排水性能要求较高，区域内必须装有多孔管或铺满碎石的壕沟，将表层土运回来，小心地铺平地面，这要花些时间。最后轻轻压实地面，撒下种子或铺上草皮。在地面上的草扎根之前，不要去踩。

第6步 种植

　　现在是最令人兴奋的种植环节了。不要着急，做好调查。多找几家店铺，这样有可能节省下一大笔预算。

- 好好看一下完工的庭院，规划一下种植位置。铺上合适的土壤，准备好种植区域。列一张种植清单。

- 致电苗圃和园艺中心，通常是咨询可以买到哪些籽苗。联系专门的苗圃购买玫瑰、果树、藤蔓灌木、池塘植物以及倒挂金钟之类的籽苗。

- 看看能否通过批量购买或一次性购买所有植物籽苗来控制成本。要记得对比价格。

- 如果你要买容器栽培的大型成材的乔木，一定要确保容器高度和宽度足够容纳植物。

- 如果对于整个种植环节有疑虑，就先种上主要特色乔木和灌木。

常见问题及解决方法

栅栏争议 每一阶段的事都要跟邻居讲清楚。将旧柱子留在原处作为标记。不要碰到邻居家的栅栏。

邻居家的乔木 你无法修剪邻居家的乔木，但是如果想修剪延伸至你家的枝叶，不妨先和邻居商量一下。

巨型岩石 将岩石留作特色景观，或聘请专门人士搬走。

黏土 接受自己家的黏土。看一看邻居的庭院里什么植物长势最好。至于菜园，要修建抬高的花坛，买点堆肥和马粪，这样就能在黏土基础上种植植物。

受污染的土地 铺一层碎石，在上面修建，或将这层碎石当作硬底层。如果污染物非常脏，比如石棉或油，要征询专家意见。

涝地 修建池塘，铺设排水管道，打造水景庭院，种植湿生植物。

不想要的结构体 记得回收砖块，用以修建墙体。

工具和材料

我需要买什么？

即便你可以租借工具来用，使用回收的或已有的材料，比如旧砖块、剩下的沙子，你也必然要买些新工具、水泥、木材之类的材料。可以从DIY批发商店、建筑商及当地的供应商那里购买工具和材料。如果使用便利的施工工具，你可以节省时间和精力，如果从当地供应商那里批量购买材料，也可以节省费用。

工具

测量和标记工具

你需要一套基本工具套装，用来测量、标记、检查水平面和测定施工地。可以用喷漆或粉笔的方式标出直线和曲线。

大卷尺　卷尺　短尖桩和线

水平尺（木工用）

准备施工现场的工具

利用这些工具，你可以挖掘、搬运和移平泥土。如果你要修建大型露台，你可以租用压实机（机动夯土机）打好地基。

铁锹
叉子
铁铲
长柄大锤
耙子
手套　水桶
独轮手推车

用于砖和石头的工具

你可以利用这个工具包折断、砍断、切割石头和砖块。如果有大工程，你或许想租用角磨机或水泥浆搅拌机。

（石头）泥瓦工锤　石工锤　长枕（砖）凿　砖匠（泥瓦匠）泥铲　石工钻水泥钻

用于木材的工具

如果在你的设计中有栅栏、大门、棚架、棚屋或露天平台，可能就需要用到这里展示的工具。

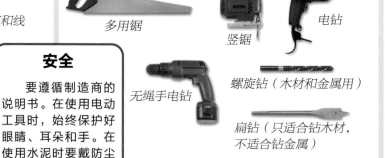

多用锯　竖锯　电钻
无绳手电钻　螺旋钻（木材和金属用）
扁钻（只适合钻木材，不适合钻金属）

安全

要遵循制造商的说明书。在使用电动工具时，始终保护好眼睛、耳朵和手。在使用水泥时要戴防尘口罩。需要注意，湿水泥具有腐蚀性。要保护孩子远离伤害。

用于园艺工作的工具

除了铁锹、叉子和手套，你可能还需要割草机和如下所示的少量专用工具。

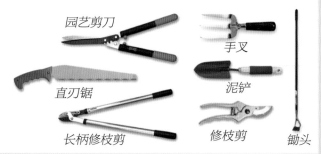

园艺剪刀　手叉
直刃锯　泥铲
长柄修枝剪　修枝剪　锄头

更多工具

获得这些工具的最佳方式往往是在需要时购买。比如，你有把铁锹和叉子，不过很快你就会发现你还需要短一点、轻一点的铁锹，或把手握着更舒服的叉子，所以你又买了回来。如果你并不那么热衷于建筑这类的活计，最好是借用或租用那些大型的或更加专业的工具，比如压实机（机动夯土机）或水泥浆搅拌机。你也可以借一些工具，搞清楚其中你喜欢的工具该怎么操作后，再自己去买。

材料

砖和石头

你可以直接从生产商、建筑商和建筑回收公司那里购买砖和石头。

混凝土铺路砖　　精选砖块　　平板石

岩石　　建筑石材　　筑墙石块　　卵石

装饰用碎石

仿制铺路石

人造铺路石　　花坛瓷砖　　边缘和角柱

土壤和草皮

土壤最好按立方米或按立方码买一大袋或一货车。买得越多，就会越便宜。注意，不要买比你现有的材料质量差的材料。

草皮卷起来一条条卖，大约30cm宽、60~90cm长。直接从种植者那里购买最便宜，他们一般很欢迎你少量购买几条。

混凝土和灰泥

尽管世界上的建筑者如"最佳"配方一样多如牛毛，但以下这两个配方还是很有效。其中的数字表示的是以同样方法测量（比如按一铲子的量）的配料比例（按体积计算）。

混凝土	灰泥
3单位混凝土+2单位沙子+ 1单位水泥	3单位沙子+ 1单位水泥

木材

所有形式的木材都可以从木材厂、建筑商、庭院中心以及专门的供应商那购买。

格子架　　树皮屑

木板材

圆滚木　　枕木

池塘和水景设计

打造池塘和水景所需的所有物件和材料均可从专门的供应商处购买。如果要修建大池塘，要选择弹性较大的衬垫。土工织布比较柔软，铺在弹性较大的池塘衬垫底下，可以防止尖利的石头损坏衬垫。小型水景通常都设置水坑。

土工织布和弹性较大的池塘衬垫

刚性衬垫（规则形状）　　刚性衬垫（不规则形状）　　塑料水坑　　硬串联衬垫

更多材料

庭院设计越发普遍，所以很多材料和产品都有专业的供应商售卖，比如防水材料、庭院遮蔽物、丁基橡胶衬垫、具象雕塑。最近防水材料大为盛行，专门出售防水材料的地板公司及其他公司迅速涌现，随处可见。你可以通过网络联络这些公司，并仔细分辨可靠程度，但是尽管如此，四处找寻好的供应商也是庭院设计的乐趣所在。

标出施工范围

这实际执行起来有效吗?

最终,你可以穿上工作服,开始将你的设计付诸实践。一旦钉上短尖桩,用线标出各种各样的曲线和直线,庭院的轮廓也就更明晰了。在这个过程中,你需要决定水平线,在哪里挖坑,往哪里放土,留出多少空间种草坪等问题。

利用总体规划设计图

你已经草拟了展示现有景观的总平面图,然后又利用总平面图设计出总体规划设计图,将你想要的理想庭院展现出来,多拍几张这两种设计图的照片,将原图妥善保存。将总体规划设计图的想法呈现到庭院中,按照规模比例(比如设计图上一个网格等于实际的30cm)计算出庭院中实际的数值。利用短尖桩和线,在瓶子里灌满流沙或白色粉末,在庭院中标出设计方案。

总体规划

斜坡和坑

评估下斜坡的坡度:在最高点和最低点打两根木桩,它们就能与地面齐平。在两根木桩之间架上一段木头,用水平尺(木工用)检查是否齐平。

校平斜坡:如果你不介意干累活,可以运进来材料填满凹地或在斜坡上挖坑,将土壤从最高点搬运至最低点。

处理斜坡的简便方式:利用台阶、梯地和瀑布将斜坡融入到自己的设计中,也可以搭建抬高的平台,立在斜坡之上。

处理坑洞和土丘:将坑洞和土丘改造为令人惊艳的设计景观,比如池塘、沼泽和假山,也可以利用土丘上的土填补坑洞。

棚屋或瑞士木屋
在施工现场标出规模和形状,要预留出施工和维护的空间。在一天不同的时间段参观施工现场,感受庭院将来的样子。

所有的规划都要参照一个或多个固定的点,比如房子、前大门和成材的树。先标出你觉得最重要的特色景观,比如贯穿庭院的小路,然后再添置其他的特色景观。将标注后的庭院观察一两天,确认你是否喜欢这个设计。

假山
将假山建在高地上总是没错,看起来更为自然,而且节省石块。要确保有搬运石头的便捷通道。

露台
标出露台的形状,细细琢磨一下如何将它抬高。在一天的不同时刻尝试一下,看露台如何与太阳、树荫和掩蔽物相适应。

花坛
自边界栅栏每隔一定的距离测量一下,然后将这些点接起来,将不规则形状的"边界"花坛由设计转变为庭院。

池塘
钉一根木桩,确定池塘中心,然后由这个中心往外标出边界。要将池塘建得尽可能大,因为池塘建成之后看起来会更小。

小路
小路的设计很重要,一定要足够宽,可以走独轮手推车、割草机和儿童乘骑玩具。走一遍这条路径,和它一起生活一两天。要做好改变路径的准备,以满足全家的需要。

标出正方形和矩形

用木桩和线固定一边的位置，接着钉木桩再固定与第一条边邻近的第二条边，如此类推。采用卷尺检查对边长度是否相等，是否平行。为标出最标准的正方形，测量对角线稍微调整各边，直到对角线长度一致。

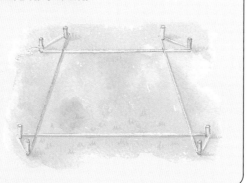

标出圆形

在地上做两个标记，一个确定圆心，另一个要尽可能精确地固定在圆周上。在圆心处打一根木桩，截一段线系一个圈，从木桩一端滑下，再在另一根木桩上系一个圈绑好，这样它就正好是圆周上的一点了。将一瓶装满沙子、扁豆或大米的瓶子滑进这个圈中，然后用这个木桩和瓶子在地上标出圆形。

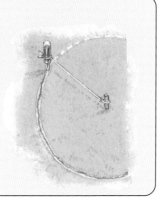

标出椭圆形

打两根木桩，标出椭圆形的总长，一根固定圆心。再打两根木桩，标出椭圆的总宽。用一段线系一个圈，紧紧系住两根木桩，再系住标出椭圆宽边的两根木桩。在宽边的任一根木桩的线圈里放入一瓶装满沙子、豆粒等的瓶子，移动这两根宽边木桩，在地上标出椭圆的形状。

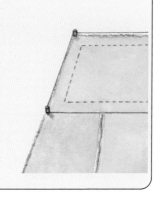

标出曲线

取一堆石子，在地上标出曲线的形状。退后一点，从不同的视角观察，再进行调整。跟这条曲线待一段时间，等到你最终满意这条曲线之后，用沙子或白粉喷雾标出，拿走石子。

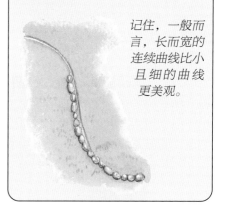

记住，一般而言，长而宽的连续曲线比小且细的曲线更美观。

移除草皮

使用卷尺、木桩和线在地上标出这块区域。使用铁锹将整块草皮切割成铁锹宽的格子。每次移除一个格子，都要将铁锹贴近地面，从底下切割，移除草皮。

移动土体

表层土最后一般需要放置在顶上，先用独轮手推车和铁锹将表层土妥帖地放到一边。用底土填充坑洞或沼泽区，或修建堤岸。将表层土撒在底土上面。

挖掘机

租挖掘机使用当然会迅速完工，不过要考虑挖掘机能否从大门开进去，会不会破坏车道、草坪、乔木和灌木。

模板

模板是盒状的框架，由2.5cm粗的木板支撑，可以用在柔软地面上以填补地基孔，这个框架可以保留在原处。

地基和深度

地基位于建筑的地表以下，可以分散和支撑建筑物的重量。需要遵循的基本规则是，负荷（重量和规模）越大，地基规模越大。

露台

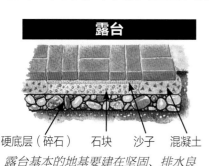

硬底层（碎石）　石块　沙子　混凝土

露台基本的地基要建在坚固、排水良好的地面上。

墙壁

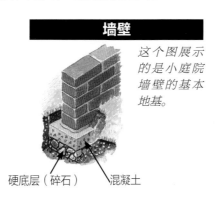

这个图展示的是小庭院墙壁的基本地基。

硬底层（碎石）　　混凝土

墙壁、栅栏、树篱和大门

有哪些选择?

修墙、竖栅栏、种树篱、装门都是循序渐进的工序,每一个阶段都需要尽你所能。当然,你一开始可能会觉得困难,不过如果你按照说明书,记得一定不要着急,那么你不仅会将一切完成得很好,而且在这个过程中你会收获很多乐趣。最佳建议是慢慢来,一个小项目也要进行几天。

砖墙

修建一道简单的砖墙非常有趣,无论是将柔软的灰泥一层层抹平,还是将砖一块块摞起来,其实都有惊人的治愈效果。如果你想在庭院中增添一种充满魅力、传统、好用又持久的景观,那么最好就是用砖块垒砌了。整个过程需要放下压实的碎石,在碎石之上铺厚厚一块混凝土板,然后在混凝土板上用灰泥砌砖。两块砖厚的基本墙壁适合大部分庭院,不过即使是单砖的厚度也没问题。

↗一道瓷砖和排砖立砌特色的低矮庭院墙壁。

↗很快你就会找到感觉,知道该如何用泥铲抹柔软的灰泥。

排列好砖块,这样垂直缝就不会跟底层的砖块对齐了。

硬底层(碎石)   混凝土
↗一道混凝土和碎石地基的单砖矮墙。

石墙

↗一道混合砌成的墙,凸出的石头可以放花盆。

↗顶上砌砖的石墙也很美观。

↗两层厚的石墙,中间的凹槽可以种植花草。

硬底层(碎石)地基

↗一道传统的干砌石墙可用作种植床或花坛的挡土墙,缝隙之间可以种植花草。

干砌石墙容易修建,很结实,又非常持久,不需要水泥或灰泥,当然也非常漂亮,非常适合庭院。这种历经几千年发展而来的传统技巧,要将石块一块块堆砌,缝隙中填充泥土和小石头,这样砌起来的墙壁地基比较宽,可以靠着两侧。修砌石墙首先要挖一道沟铺地基,将压实的碎石放到沟里,然后开始堆砌石块。修建石墙也可以用灰泥,就跟建砖墙一样。

栅栏

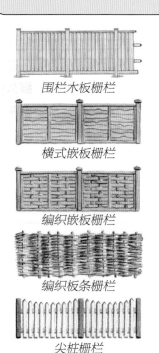

围栏木板栅栏

横式嵌板栅栏

编织嵌板栅栏

编织板条栅栏

尖桩栅栏

牧场式栅栏

木栅栏是个不错的选择，不仅是因为有很多选择，而且因为一个周末就可以搭建好。有传统的白漆尖木桩、格子架、木板条围栏、横式嵌板、编织嵌板、编织板条、牧场式栅栏等。你可以自己修建，也可以雇用专业公司修建。如果是后者，你可能会不小心找到品质低劣的公司，最好是询问朋友、邻居，请他们推荐这类公司。

栅栏修葺

将坏掉的嵌板连同木桩和嵌固件整体移除，然后将新木桩放进去，立在坑里的碎石上，再将嵌板放在两根木桩之间夹紧，用砖块将嵌板调整到合适的高度。最后在坑的顶上灌上混凝土，钳夹等混凝土凝固后取下。

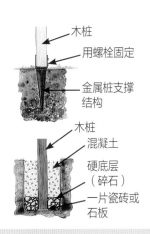

木桩
用螺栓固定
金属桩支撑结构

木桩
混凝土
硬底层（碎石）
一片瓷砖或石板

固定木桩

固定新木桩最好挖个坑，在木桩周围每次埋一点泥土，夯实之后再埋，直到填满整个坑。你也可以灌上混凝土填满坑。敲进地里的金属桩支承结构往往不太牢固。

新嵌板必须在恰当的位置用钳夹固定，直到混凝土凝固。

树篱

只要你有空间和时间，树篱非常适合种在边界处，作为装饰性景观。比如，边界树篱可能要长4～5年才能足够高，所以地面可能需要约1.2～1.5m宽，一旦长成，树篱将需要从各个角度进行修剪处理，以保持良好的状态。话虽如此，密度合理的树篱有助于保护隐私、提供遮蔽、减少讨厌的噪声，通常也可以阻挡猫、狗和你不喜欢的外人的视线。

↗ 包含两种不同颜色的叶子的生机勃勃的规则式树篱。

↙ 树篱可以打造成与周围风景相协调的形状，与附近的结构融为一体，也可以与众不同，吸引眼球。

大门和门口

尖木桩大门日常又美观。

围栏木板大门很适合作树篱用。

锻铁大门非常适合前面是庭院的房子。

防盗门

如果是锻铁大门，或者顶部焊接在折叶上，或者折叶反过来，将大门固定好，不会轻易脱离折叶。利用螺栓将折叶固定在木头上，而不要采用螺丝。

树篱中的拱门，长满了玫瑰的铁艺、铁门、尖木桩门、围栏木板门，有很多选择。你需要精确定义自己想要的大门是什么样子。比如，你想要的是小巧、温和、优美的装饰性的大门，还是大型、威风凛凛、结实的安全性的大门？

露台

必须铺石板吗？

修建露台的方式和材料有千百万种可选。你可以使用砖块、混凝土板、人造石、压碎石、碎石或树皮，可以将砖块排列成直线、"之"字形、V形或排砖立砌。每一种材料都有无数种选择。去看一看当地有哪些材料和排列形式，比如你家、邻居家、墙壁和小路，然后因地制宜地修建自己的露台 。

一个用回收砖砌成的小露台，与周围非常协调。

一个用混凝土板、回收石块和旧砖混合砌成的露台，看上去非常协调。

植物墙将这个相当规则的石露台抬高了。

露台的选择

↗ 一个建成的露台掺有碎石、卵石和踏脚石。

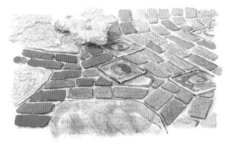

↗ 这个露台是利用旧砖、石块和瓷砖混合砌成的。

↗ 一个采用旧石板砌成的少见的六边形露台。

← 如果你想要露台与众不同一点，这种牢固的圆形露台跟草坪和植物非常协调。

← 如果是修建装饰性露台，你可以采用普通的铺路石和卵石，砌成漂亮的图案。

形状、风格和布局

希望用八块灰白的混凝土板和两把旧扶手椅就可以将露台打造得非常舒适的时代已经一去不复返。现在，你可以将露台打造成你喜欢的任何形状、任何颜色和风格。现在的露台已经不仅仅是庭院中的平坦区域，而更是房子的延伸。正如你希望充分利用房内的所有房间，现在你也可以将露台打造成满足你需要的样子。

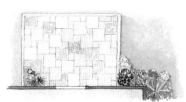

基本的低成本矩形露台非常适合小庭院。

几何图形的组合——圆形和矩形非常有活力，可以将露台划分为独立的"房间"，某些区域也可以设置成不同的高度，以增加视觉趣味。

如何修建砖砌露台

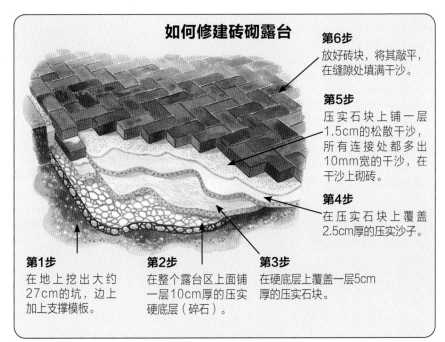

第6步
放好砖块，将其敲平，在缝隙处填满干沙。

第5步
压实石块上铺一层1.5cm的松散干沙，所有连接处都多出10mm宽的干沙，在干沙上砌砖。

第4步
在压实石块上覆盖2.5cm厚的压实沙子。

第1步
在地上挖出大约27cm的坑，边上加上支撑模板。

第2步
在整个露台区上面铺一层10cm厚的压实硬底层（碎石）。

第3步
在硬底层上覆盖一层5cm厚的压实石块。

如何修建铺路板露台

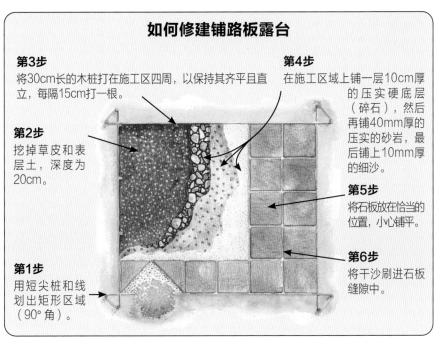

第3步
将30cm长的木桩打在施工区四周，以保持其齐平且直立，每隔15cm打一根。

第4步
在施工区域上铺一层10cm厚的压实硬底层（碎石），然后再铺40mm厚的压实的砂岩，最后铺上10mm厚的细沙。

第2步
挖掉草皮和表层土，深度为20cm。

第5步
将石板放在恰当的位置，小心铺平。

第1步
用短尖桩和线划出矩形区域（90°角）。

第6步
将干沙刷进石板缝隙中。

排水斜坡

若想排水性能良好，露台要么需要非常非常平，开口接合，铺在沙子中，要么需要稍微有点坡度。合适的坡度角差不多需要每1m有3mm的落差。

防滑地表

旧砖、坚固的铺路砖（像砖，但是带有十字形图案）以及捣实的混凝土铺成的地标相对比较防滑，前提是它们非常干燥且没有长藻类植物。

露台附加物

棚架 棚架不仅能赋予露台建筑形态，其框架可以供藤蔓植物攀爬，还可以遮阴。

水景设计 面具壁泉或汩汩而出的喷泉的声音非常令人放松。

烧烤 考虑建永久性的砖砌烧烤炉。

嵌墙式家具 考虑采用长椅或石板咖啡桌，而不是需要搬动和存储的庭院家具。

快速铺设露台

如果说，露台只是排水良好、可以坐、可以玩耍的结实区域，那么选择一块位置合适、稍微有点坡度的区域，用薄石块将其填平，上面铺上编织塑料薄膜，然后再铺上碎树皮，就是既高效又低成本的好办法。

平台

建平台最好的一点就是修建速度快。你也许只需少量的混凝土用于地基，不过你也可以将平台直接悬在庭院现有的旧混凝土、潮湿区域、岩石、斜坡上，只要周末再加上前后一两天便可以完工。如果你想添上座椅，但没有时间建露台，那么平台就是最好的解决方式了。

坐在后门外阳光明媚处的一小块平台区，你可以喝点酒，放松身心，恢复精神。

需要考虑的事项

建平台很有趣，使用起来也很有趣，不过只是需要你花时间设计和规划这个工程的所有细节。回答以下这些问题，你就会知道该如何着手了。

- 将来平台的用途主要有哪些？你希望平台在太阳的照射下，还是位于阴凉处？
- 你希望将平台用于烧烤，还是供孩子们玩耍？
- 你希望平台与房子实际有所呼应，还是想让平台自成一体？
- 你希望用架子抬高平台，还是差不多与地面齐平？
- 如果你计划在不稳定的地面上抬高平台，那你需不需要结构工程师的建议？
- 平台需要跟日式凉亭一样建在房子一角，还是像直码头一样笔直伸出去？
- 你希望以较低的成本修建平台，还是要买最贵的木材？
- 你的设计会不会影响到邻居？比如，抬高的平台会不会侵犯邻居的隐私？
- 头顶有没有高压电线影响平台的设计？
- 修建平台时有些区域需要建筑许可证，你是否涉及此问题？

平台设计

这个带台阶的平台设有一体化的长凳和栏杆，长凳下还有便捷的存储空间。

低平的平台适合建在池塘旁，这棵已长成的树在夏天可以遮阴。

抬高的门廊平台带有扶手和格子架，通往庭院的台阶十分讨人喜欢。

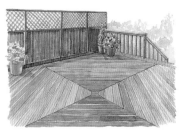

这个抬高的带台阶和扶手的宽大平台加上格子架屏风后私密性更好。

如何修建抬高的平台

根据当地法规挖坑，固定木桩。要多加注意，务必保持木桩垂直。将围绕四周的托梁用螺栓固定在木桩上，以确保托梁极其水平。用小梁吊钩添上内部的托梁。用防水地板覆盖托梁，然后再增加装饰性的栏杆。

↗ 这张平面图表明了底架是如何支撑顶上铺的防水木板的。

↖ 像这样抬高的平台适合地表不平的荒野庭院。

错层式台阶

错层式台阶非常适合稍微有点坡度的庭院，或者上级台阶需要抬高到现有建筑之上，比如旧地基或地下排水管道。

更多选择

平台只是用木材制成的平台，所以有很多有趣的选择。你可以修建一条蜿蜒穿过庭院的木板通道，可以用枕木（铁路轨枕）修建平台，可以修建木板台阶，用平台搭成桥梁形状，围绕树木建平台区，沿着斜坡而上修建一排阶地，也可以在水边修建抬高的平台等。

斜坡

相互交叠的平台非常适合有斜坡的庭院，你只需要修建一系列抬高且跟大型台阶一样互相交叠的露台。

木板图案

将木板排列成不同的图案，会增加视觉趣味。

与托梁成45°角 ｜ "之"字形切入 ｜ "人"字形四面锯切

棋盘图案地板 ｜ 与托梁成直角 ｜ 菱形

栏杆的样式

栏杆的设计也会改变平台的外观。

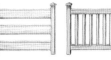 

简单水平式 ｜ 传统垂直式 ｜ 传统菱形格子架

现代正方形格子架 ｜ 现代"中式"格子架 ｜ 20世纪30年代流行的旭日图

平台台阶

简单的三级台阶适合低矮的平台，而且容易搞定。

带精美浮雕的开放式飞机台阶更为复杂，不过外观极美。

平台建造标准

尽管有人觉得以下的标准是个挑战，但是你应该记住，人们制定这些标准，是为了保证你的平台能够负担人和其他物件的重量。随便六位朋友聚在平台上，加起来便有约454kg，而且露台需要很结实。此外，如果你按照这些标准修建，你的平台很有可能会用更长时间。根据平台的大小，这些标准决定着你的支柱必须打多深，你需要用哪些五金部件将平台合为一体，甚至也决定着木桩、梁、托梁和地板的大小。这些标准决定着栏杆缝隙的宽窄，不至于让学步幼童从中跌落平台。你可以联系当地的相关部门，询问当地的标准。

小路和台阶

这主要取决于小路和台阶的类型和规模,不过平均来看,设计和修建传统的红砖小路大约花费3~5天的时间,其中1天时间规划和标出路径,剩余时间移除表层土和修建。木制通道、碎石或树皮小路通常需要花费周末加上前后一两天的时间,不过一段砖石台阶可能花费一周甚至更长的时间,修建时间取决于底土的结构。

庭院中的小路

一条简单的碎石路尤其适合这种香气扑鼻的庭院,蔓延而生的植物让硬路面也变得柔软了。

这条精心设计的小路,连同台阶、抬高的墙壁以及其他景观,都营造出一股庄严的气息。

设计和规划小路

沿着花坛边缘

你想让自己的小路有什么特质?你想让它在两点之间最短吗?比如从厨房到堆肥堆最快捷的路线?或者,你想让小路蜿蜒曲折,将庭院的美景尽收眼底吗?你想让这条小路朴实无华又不失功能性吗?比如简单的混凝土板条,又或者你想用多种颜色和不同材质打造成美观的小路吗?

小路的选择

沿着庭院的小路

带有乡村庭院风格的旧石板路

传统"人"字形砖路

容易铺就的卵石小路

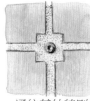

通往某处特别景观的小路

适合不规则区域的弯曲小路

碎纹石路(片石)适合悠闲自在的庭院

碎石和薰衣草非常搭

修建小路

碎石 修建碎石路乐趣多多,外观漂亮又相对容易修建。移除草皮和表层土,深度约20cm,然后铺一层10cm厚的压实硬底层(碎石),再铺一层10cm厚的豆粒砾石。

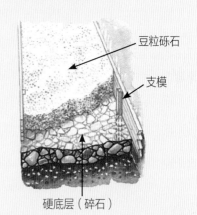

豆粒砾石

支模

硬底层(碎石)

修建小路——砖 红砖小路是修建传统小路的不错选择。移除草皮和表层土,深度为20cm,然后铺一层8cm厚的压实硬底层,20mm厚的压实石块,20mm厚的压实尖沙和5mm厚的细沙,再铺上砖。

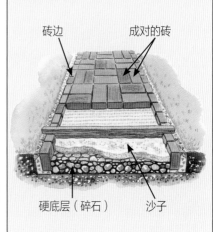

砖边

成对的砖

硬底层(碎石)

沙子

庭院中的台阶

石板构成踏板，砖块构成起步板，共同形成了外形美观的规则台阶。

由回收的枕木（铁路轨枕）建成的不规则台阶，非常适合采用天然材质的乡村庭院。

砖石台阶手扶墙，天黑以后灯会将台阶照亮。

设计和规划台阶

功能特征

如果你的庭院是有坡度的，那你就可以爬上爬下，只需希望自己不会滑倒，或者可以修建台阶。除了出于美观性和实用性的目的，台阶也可作为装饰性的景观，一级一级吸引着大家的目光。

计算

美观、舒适的台阶的起步板大概在15～18cm高，踏板前后大约在30～40cm。

建造和材料

虽然修建台阶有很多选择——砖、石、枕木、木材，还有更多选择，但其中有些材料更方便采用，比如，砖石混合修建就是明智的选择，砖块非常适合当台阶，石头很容易按大小排列，以挑选出适合踏板高度的石块。

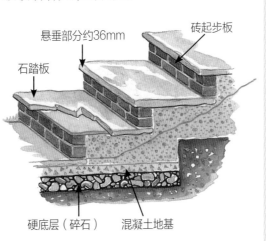

悬垂部分约36mm
砖起步板
石踏板
硬底层（碎石）
混凝土地基

一段连接小路和露台的台阶。整段台阶的首级台阶底下大部分是混凝土地基。

台阶的选择

原木和碎石台阶适合乡村庭院，修建起来也很快。

小路的这些角落台阶是由方形铺路板和砖修建而成的。

小路和台阶的问题解决办法

柔软的斜坡地 这段砖台阶的每块踏板下面都是在硬底层（碎石）上面铺了混凝土，适合柔软潮湿的地面。加厚的硬底层（碎石）和首台阶底下的管道分散了负荷量，方便排水。

沼泽地 简单的木杆小径适合沼泽地。木杆由木桩或桩支撑，土地越潮湿，就越需要将木桩建得长一些。如果你担心会滑倒，也可以像这里一样修建栏杆。

现有混凝土台阶 最好用砖块覆盖。你只需要将混凝土保持不变，在踏板上铺砖块。其余的少量混凝土，比如起步板，可以着色或刷油漆。

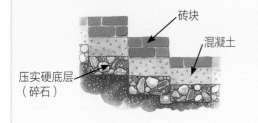

砖块
混凝土
压实硬底层（碎石）

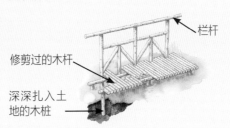

栏杆
修剪过的木杆
深深扎入土地的木桩

草坪和边界

草坪不仅可以划定和统一庭院，也可以让庭院整体更加瞩目。如果你想扩大庭院的表观规模，那就在花坛和花坛周围都种上草坪；如果你想将庭院划分为多个"空间"，那就单独种草坪。草坪美观、成本低廉、容易管理、经久不衰，而且很柔软，可以自己生长又有多种用途，适合全家人。记得要选择适合你特殊需要的草坪类型。

草坪的设计

人们可以在草坪上进行体育活动，比如玩游戏，充当设计景观，比如在规则庭院中，草坪可以充当连接花坛和小路的直观图案，也可以充当连接庭院各个区域的功能小路。从实际割草方面来看，理想的草坪需要有平滑的曲线轮廓，边缘的设置要稍微比周围高些，这样才能推着割草机碾过边缘。

准备施工现场

往下挖7～10cm深。将石头和多年生野草清除，打碎大土块，然后收拾碎土块。在土壤干燥的地方，耙平地面，有条不紊地用脚将地表踩实。

播种

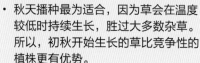

- 多买些满足你需要的种子。
- 在脚下土壤干燥的天气里——秋天或春天，轻轻地将整块土地耙一遍。
- 秋天播种最为适合，因为草会在温度较低时持续生长，胜过大多数杂草。所以，初秋开始生长的草比竞争性的植株更有优势。
- 采用当地花市推荐的除草剂除杀现有的草坪或杂草，也可采用黑色塑料薄膜。
- 为播下的草种和萌芽的草浇水对草的存活和蓬勃生长至关重要。
- 要远离新萌芽的草，别让宠物和孩子去踩。

维护

在生长期定期割草，在干燥期定期浇水，修建边缘，用叉子增加透气性，移除死去的草，在间隙处施肥，刷去虫粪。如果有需要，应该及时清除以肥料为食、在苔藓上活动并对其有威胁的生物。

铺草皮

- 用线和几根短桩沿着施工场地画条直的引导线。
- 一定要在天气好时，跟供应商确认草皮规模，供应商的草皮一般按照30cm宽和90cm长测量，然后再按需要稍微订购多一点草皮。
- 从引导线开始铺第一排草皮，轻轻放下，将其夯实入土。
- 在铺到第二排时，将第一块草皮割成两半，然后继续将第二排与第一排严密对接，这样接缝处一排排错列，就像摆放砖块一样。
- 继续在施工场地内工作，站在刚刚铺在草皮上的厚木板上，一定要时刻面朝需要铺下的下一条草皮方向。
- 在草皮铺下约一周后，用半月形的角铁或旧面包刀修剪和打造弯曲的轮廓。
- 为新铺下的草皮浇水，对其生长至关重要。草皮的长根已经切除，所以要根据土质条件和天气的需要，接连几周为其浇水。

草坪边界的选择

草坪边界可以由隐藏在地表之下的砖块砌成，也可以由一排豆粒砾石铺成，修剪良好的草坪边缘与花坛相连，边缘或许可以用一排精美瓷砖铺就。修建草坪边界还有更多的选择。

一端排砖立砌

固定在木桩上的木板

精美排串瓷砖

现成的滚木

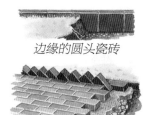
边缘的圆头瓷砖

倾斜排列的砖块

花坛

在庭院设计中，花坛可视作种植区，也可当作三维设计元素。大多数现代庭院由四种元素构成——草坪、铺路、花坛和水，所以花坛在整个过程中扮演着重要角色。说到设计花坛，需要考虑三个方面：地上呈现出的形状，已有结构（边缘、挡土墙等）的特征，还有花坛里种的植物类型。

如何设计花坛？

平面图中的花坛设计

  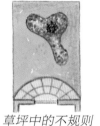 

不规则边条花坛　　*规则的几何花坛*　　*草坪中的不规则岛式花坛*　　*不规则半岛花坛*

有六种基本形状的花坛：

- 采用边界栅栏充当背景的边条花坛。
- 类似规则设计的几何花坛。
- 位于一片草坪中的岛式花坛。
- 穿过边界栅栏的半岛花坛。
- 边界紧贴墙壁的花坛。
- 具备某种功能属性的花坛，比如面朝太阳，与墙壁之间的距离恰好可容独轮手推车通过，诸如此类。

　　说到设计花坛，你必须决定花坛在整个庭院设计中是什么特征。比如，你只想打破草坪区，与邻居隔开一段距离，还是让你的庭院看起来更宽广或更狭窄？

种植方案

（上图）在夏季，混合花坛通常总是开满了各种颜色、各种种类和各种形状的花。

（下图）混合花坛本身就极具吸引力和活力，这种花坛总是五彩缤纷，生气勃勃。

边界

　　边界的功能可以从两个层面来说：边缘可以阻止花坛中的土壤流失到旁边的小路或草坪上，边缘本身就是一种设计景观，与墙壁、一排瓷砖或一条枕木一样。

抬高的花坛

现成的乡村原木非常简便。

双砖厚的墙壁适合小型庭院。

红砖是传统风格中的不错选择。

护根

　　护根有很多功能。比如一层肥料或树皮这样的护根可以阻止土壤失去水分，阻止杂草的生长，腐烂之后可以肥沃土壤，而豆粒砾石或压碎的石头这样的护根可以保持土壤湿度，阻止杂草生长，其本身还可以充当设计景观。

棚架、拱廊和花架

这些景观容易打造吗?

如果你的理想是做木工活和园艺工作,那么你将会十分享受搭建棚架和拱廊的过程。想想看,做完大量木工活之后,可以躺在手工打造的精美庭院棚架下,小酌一杯或读一本好书,周围则是爬满了芬芳植物的格子架,阳光斑斑点点地落在地上。棚架、拱廊和格子架可以用来打造景观,非常便捷。

被葡萄藤压低的棚架非常漂亮,也是不错的私密区域。

现成的拱廊瞬间便可打造出较高的视觉感,不过植物爬满需要一段时间。

如果你想要私密性,那么覆盖着植物的格子架就是不错的选择。你可以种不同种类的藤蔓植物,增添趣味性。

设计和规划棚架

如果你想在庭院中快速打造出建筑特色,打造出可以在阴凉处小憩和玩耍的地方,可以种植藤蔓植物并让它们爬满的架子,还想让它吸引人的目光,那么棚架就是最适合的选择。覆盖着紫藤、葡萄藤或金银花的棚架看起来一定十分惊艳。如果你想知道庭院中有没有足够的空间,搭建棚架很容易,满足你的需要。只需四根支柱顶上架着几根横梁,只要你能坐在底下就可以,也可以用粗糙的木桩搭建单坡的棚架,还可以搭建起穿过整个庭院的砖木走廊。

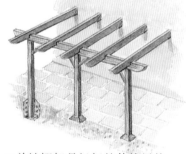

↗ 单坡棚架是极好的传统风格,很适合建在露台区,尤其适合小庭院。

↗ 顶部放射状的棚架具有与众不同的乐趣。

↗ 藤蔓植物可将丑陋的旧棚架改造为令人惊艳的景观。

↗ 一个挂满了紫藤的传统棚架令人神往,又美丽迷人。

↗ 走廊式的棚架搭配格子屏。

↗ 这个简单的棚架是采用粗糙的木桩建成的。

拱廊

拱廊可以为植物生长提供支撑，从这一点来看，拱廊具备一定的功能性，不过当然拱廊也可以为建筑风格增添色彩，位置恰当的小拱廊也很漂亮，充满了神秘感，吸引着你的双脚、双眼和思想穿过那段小路或廊道。从实用层面来看，大门上修建木拱廊既美观又可以加固和支撑门柱。你只需要打上木桩，稍微比人头部高一点，顶上架好棚架模样的横梁。如果你想要营造浪漫的庭院风格，像是手拉手站在枝叶繁茂的树荫下，那么树篱拱廊或覆盖着芬芳的藤蔓植物（比如金银花）的拱廊式隧道就是你想要的。

↗ 这个拱廊式棚架非常吸引人们的目光。

↗ 这个开满了鲜花的拱廊形棚架成了幽静的阴凉处。

↗ 爬满了玫瑰的拱廊最合适乡村庭院。

↗ 有了这个拱廊，门口不再单调。

↗ 格子架拱廊让这道简单的门增光溢彩。

树篱拱廊

↗ 树篱拱廊可以在出其不意的地方突然出现一个通往庭院其他区域的入口。不同寻常的形状会成为访客谈论的热点，也可以用作装饰，与庭院的整体风格相呼应。

格子架

虽然从实用层面来讲，格子架不过是用来承载植物的结构或细长木条，比如不需要支撑物的格子架、格子栅栏或固定在房子墙壁上的格子架，格子架本身也可以变成壮丽而引人注目的建筑景观。在18世纪和19世纪的英国乃至整个欧洲，格子架是一种备受欢迎的装饰房子和庭院的方式。这样的设计要将房子外面所有地方都用格子架覆盖，让整栋房子更加精致，就像婚礼蛋糕的装饰一样。铭记这一点，或许搭建格子架可以隐藏丑陋的车库或邻居家难看的混凝土墙。

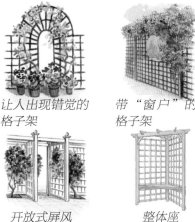

让人出现错觉的格子架

带"窗户"的格子架

开放式屏风

整体座

将格子架固定到墙壁上

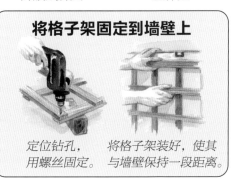

定位钻孔，用螺丝固定。

将格子架装好，使其与墙壁保持一段距离。

绿林格子架

这个漂亮的小格子架景观是由蜘蛛网一般的朴素木工制品做成的，这种风格备受19世纪想要打造浪漫乡间庭院的园艺师推崇。

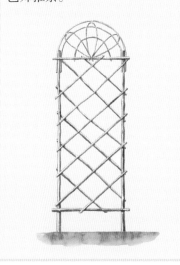

庭院建筑和凉亭

有哪些可能?

户主自行修建各式各样的温室、遮阳棚、门廊、观景亭以及小木屋和凉亭的历史十分悠久。如果你喜欢自己动手做,擅长使用锯、铁锤和电钻,并且充满了激情和热情,那么你完全可以修建任何你喜欢的庭院遮阳棚类型。不过不要忘记,这里的关键词是"激情"和"热情"!

棚屋

↗一间尖顶的独立小棚屋。

↗一间中等规模单坡屋顶的棚屋。

↗这间棚屋有两扇门,便于储存物品。

↗这间小棚屋可紧紧贴合在角落。

棚屋的选址

在庭院里走一遭,试着想象棚屋建在哪里最合适。当然,这在很大程度上取决于你想建哪一种棚屋,不过理想的状态是要建在干燥、僻静的高地上,门窗朝向美景。如果你能够想象自己坐在棚屋中的样子,干燥、温暖、没有噪声、遮阳避雨,那么你大概就差不多知道要建什么样的棚屋了。

棚屋地基

棚屋需要建在结实的地基上。压实的碎石上层铺混凝土,就可以构造成良好的地基。地基应该根据当地建筑法规来建。

温室

传统的尖顶设计　　现代尖顶设计　　单坡大棚屋

八角形设计　　单坡小棚屋　　棚屋/温室组合

选址

温室应该建在干燥的地面上,远离任何可能遮阴或散落下杂物的东西,也就是任何房屋和大树。如果你别无选择,只能建在栅栏或树篱旁,那就选在能让棚屋接受阳光照射的避风处。

地基

普通的巨型小温室可以建在混凝土板上,每个角放一块,再在门口铺一排石板。

屏风

仲夏的温室内气温太高,里面的植物无法存活。你可以利用自动通风孔降温,采用渔网或织物遮阴。

迷你塑料温室

小型塑料温室通常适合种几株西红柿,不过即便温室升温很快,但从设计的角度来讲,它还是很吸引人的目光。

玻璃片构成的谷仓式设计风格。

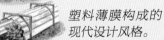

塑料薄膜构成的现代设计风格。

钟形玻璃盖

吹制玻璃构成的传统钟形玻璃罩设计风格。

凉亭

选址

凉亭很神奇，如果选址得当，孩子们可以在里面过夜，你也可以在里面安静地小酌、打盹、读书。凉亭需要建在干燥的地面上，远离潮湿的角落，门窗朝向下午的太阳。

→ 凉亭让庭院平添优雅高档气息，适合存物和休闲。

← 凉亭也可充当孩子们的游戏房。

→ 一间大凉亭可充当临时客房。

← 一间带有隔热墙壁的大凉亭可当作庭院办公室。

地基

凉亭的理想地基的条件是结实、干燥，最好在地下铺一块混凝土厚板，架上加压处理过的托梁，再修建凉亭。

藤架

选址

设计藤架是为了打造漂亮的景观，就这一点而言，它需要与你的总体规划融为一体，比如，可以建在角落里供藤蔓植物攀缘，也可以建在池塘旁。如果你确定自己最可能在傍晚时分坐在藤架下，那就一定要在那段时间充分利用好阳光。

↗ 一个两边和后面是格子的传统藤架，爬满玫瑰，鲜艳芬芳。

地基

虽然这多半取决于具体藤架的设计，不过务必要将地基建高，保持干燥。木材地基（木杆、梁或托梁）应使用已经进行过防腐处理、专门用作"接触土地"的木材。

儿童游戏房

儿童游戏房需要建在干燥的土地上，远离潮湿的角落，阳光充足，就像凉亭一样，同时，游戏房也需要靠近房子，位于显眼的地方。能够看到、听到孩子们玩耍，这一点至关重要。不过最好跟孩子们一起，玩他们想象出来的游戏。

孩子们会喜欢这样令人兴奋的明亮色彩。

一间得名于《彼得·潘》故事的"温蒂"屋。

传统农家庭院

农家庭院是传统理念和观念的浪漫融合体,这植根于农业时代、前工业社会的传统,当时主要出于生计目的而建的庭院里全是菜地、养鸡场、苹果树和堆肥堆,还有很多悠长的小路、香草、野花。如果你的庭院中有凉亭、窄门、饮水槽或井,或者还有天然的池塘,这就是农家庭院。

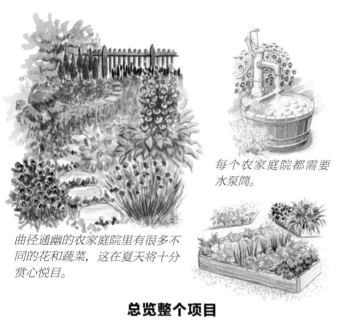

曲径通幽的农家庭院里有很多不同的花和蔬菜,这在夏天将十分赏心悦目。

每个农家庭院都需要水泵筒。

种果树、蔬菜和花卉植物,打造最完美的农家庭院,既能够欣赏鲜花,又可以享用出产的果实。

总览整个项目

如果我们认为我们的农家庭院设计灵感来自于曾经在英国司空见惯的凌乱而且有点简陋的小农舍,比如,如果你家的庭院本身就很小,有很多废弃材料和弯曲的小路,就可以将庭院设计成这种风格。看一眼庭院的空间,决定要保留哪些东西。总面积恰到好处,约为30m长、10.5m宽。

考虑其中蕴含的意义

可以说传统的农家庭院有点朴素。在必要时修缮,将你的想象变为现实,又具有功能性,能否满足你们全家的需要呢?

需要考虑的变数

如果你喜欢水果、蔬菜和鲜花所营造出的轻松氛围,又想进一步侧重于庭院的重点,庭院中种植的蔬菜多过鲜花,反之亦然,那就按自己的方式来做。

成功的设计指南

- 约30m × 10.5m面积的小庭院最为理想。
- 草坪要尽可能小。
- 留出一半的空间种果树和蔬菜。
- 混合种植果树、蔬菜和花卉。
- 修建弯曲的小路。
- 采用天然材料,最好是回收而来的材料。
- 采用当地材料。
- 不要用现代气息的颜料,不要刷成蓝色。
- 要有井或大橡木水桶。
- 选择传统的农家鲜花,不要种外来植物。
- 如果空间足够,可以修建池塘或挖一口井。
- 可以种苹果树和李子树。

如何打造传统的农家庭院

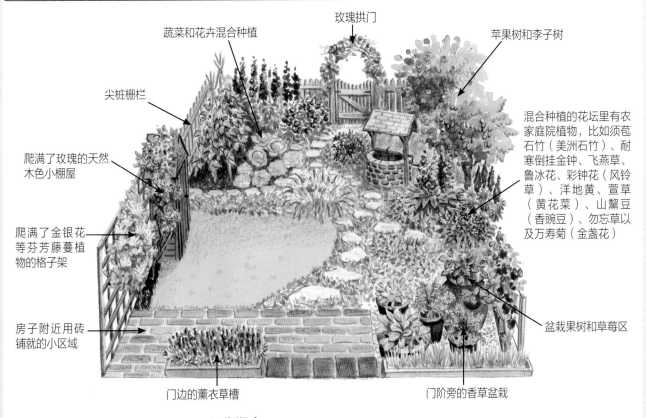

蔬菜和花卉混合种植

玫瑰拱门

苹果树和李子树

尖桩栅栏

爬满了玫瑰的天然木色小棚屋

混合种植的花坛里有农家庭院植物,比如须苞石竹(美洲石竹)、耐寒倒挂金钟、飞燕草、鲁冰花、彩钟花(风铃草)、洋地黄、萱草(黄花菜)、山黧豆(香豌豆)、勿忘草以及万寿菊(金盏花)

爬满了金银花等芬芳藤蔓植物的格子架

房子附近用砖铺就的小区域

门边的薰衣草槽

门阶旁的香草盆栽

盆栽果树和草莓区

工作顺序

· 起草设计,要将房子、边界、固定结构和大树考虑在内。
· 保留精选植物,要么让它们原地不动,要么将其移植至庭院中的其他地方,将不想要的植物送人或处理掉。
· 修建池塘之类的结构。
· 标出小路的路线,准备好各种花坛、苗圃的土壤。

种植

　　先确保你现在已有的植物都长势良好。不要着急种新的植物,不过可以种新的灌木和乔木。应季种下其他花卉、香草、果树和蔬菜。

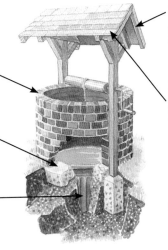

第3步
在这个地基上修建圆形砖墙,所有砖立着放,墙面就是由所有砖的头端构成的。

第2步
在垃圾桶(垃圾箱)外围挖30cm深的沟,用混凝土灌满。

第1步
挖个坑,足够容纳一个耐用塑料垃圾桶(垃圾箱),垃圾桶顶与地面齐平。

第4步
采用回收木材建木坡屋顶。将弯梁加在两根柱子上。

第5步
屋顶上铺上回收来的木瓦或旧的红色屋面瓦。

打一口农家井

照料和维护

　　好的农家庭院从来都不那么整齐和精致,而是一直处于不断的改变中。蔬菜苗圃看起来永远都不那么整齐,因为你要么在收获,要么在准备种下一季作物,有的花开了,有的花谢了。

发展

　　你会发现自己一直在进行修饰。比如,这一刻,这个花坛百花争艳,而下一刻你可能就需要加以改造,种植新的灌木。

水景庭院

如何将水元素融入到庭院中?

水景庭院可以为庭院设计师提供无数令人兴奋的点子。水景庭院的主题有现代城市风格、日式、湖畔风格、森林风格、规则式、海滨风格等。你也可以选择与古建筑、沟渠、气候、材质、种植或颜色相关的风格。拥有一个水景庭院,无论大小,都将引导着你种植各种迷人的植物。

这个规则式池塘与一块大砖砌露台一体,周围摆满了盆栽植物,即刻营造出无限趣味。

如果你家的庭院很大,你可以建造"天然"池塘,周围长满野花,吸引野生动物过来。

池塘边的植物为"湖畔"池塘增添了特色,构成了高地,增加了池塘的质地感和色彩,也为野生动物提供了栖息地。

总览整个项目

当你看到下一页的庭院设计,会发现其中有四种基本要素:一个天然池塘、一个靠池塘溢出来的雨水补给的沼泽庭院、一个俯视池塘和沼泽庭院的大露台以及一个露台上的规则面具壁泉。乔木构成了整个区域的背景。看一看庭院的空间,按需求进行调整。

考虑其中蕴含的意义

考虑一下庭院设计如何满足你的要求。如果你想将天然池塘建得稍微大一点,露台稍微小一点,或让整个庭院大一点、更规则一点,都是很好的选择。

需要考虑的变数

如果你喜欢整体的设计,但并不喜欢沼泽庭院,你可以要打造一个从主池塘流入次池塘、小池塘和水坑的瀑布,或者修建独立的小沼泽庭院。

成功的设计指南

- 中等大小的庭院最理想的面积约为30m×15m。
- 砖砌露台需要充分利用阳光、阴凉处和遮阳棚。
- 小路要既实用又美观,结实而宽阔,足以容纳手推车和割草机通过,而且看上去舒服。
- 天然池塘需要修建得尽可能大。
- 各种植物将池塘和沼泽庭院融为一体。
- 假山需要建在高地上。
- 在露台某处修建规则的水景。
- 露台需要用芬芳的藤蔓植物装饰。
- 在庭院其他区域种植草坪。
- 要种植乔木灌木以作背景。

一个自带给水管道的独立小型沼泽庭院,可以一年四季保持土壤湿润。

这个奢华的喷水孔适合传统露台或庭院区,可以安装到石头、砖块或砌块墙。

如何打造水景庭院

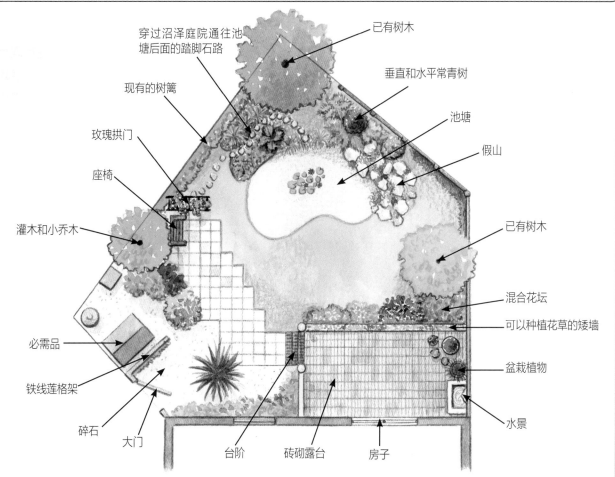

标注（顺时针方向）：
- 穿过沼泽庭院通往池塘后面的踏脚石路
- 已有树木
- 垂直和水平常青树
- 池塘
- 假山
- 已有树木
- 混合花坛
- 可以种植花草的矮墙
- 盆栽植物
- 水景
- 房子
- 砖砌露台
- 台阶
- 大门
- 碎石
- 铁线莲格架
- 必需品
- 灌木和小乔木
- 座椅
- 玫瑰拱门
- 现有的树篱

工作顺序

- 起草设计，将房子、边界、固定结构和大树考虑在内。
- 保留精选植物，要么让它们原地不动，要么将其移植至庭院中的其他地方，将不想要的植物送人或处理掉。
- 挖好池塘和沼泽庭院，将表层土放在一边。用底土垫露台区。
- 修建砖砌露台和挡土双层墙花坛。
- 修建棚架和露台水景。
- 修筑环池塘迷你墙，铺好丁基衬垫，采用剩下的丁基池塘衬垫标出沼泽庭院的边界。
- 将表层土置于池塘边缘，填充沼泽庭院。
- 打造假山，完成庭院设计。

种植

确保你现在已有的植物长势良好。种植池塘和沼泽庭院植物时要从中心向周边种植。在合适的季节种草坪、葡萄藤、灌木、乔木和花卉。

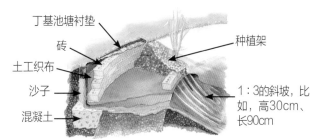

标注：
- 丁基池塘衬垫
- 砖
- 土工织布
- 沙子
- 混凝土
- 种植架
- 1：3的斜坡，比如，高30cm、长90cm

池塘横断面细节图，展示建筑要素如何组合在一起，成功打造出和谐的景观。

照料和维护

除了需要清理落叶、烂泥和分株植物，良好的天然池塘多半会自我维系，需约一年进行一次清理。

发展

天然池塘一直在演变。随着边缘的植物长大，池塘会越发显小。不出二年，池塘就会吸引青蛙、蟾蜍、蛇、蝾螈以及越来越多的鸟儿或其他生物过来。

现代地中海式庭院

什么是地中海式庭院？

地中海庭院融合了不同风格，有光滑平铺、带泳池的露台，颇有点西班牙风味；铺有赤陶瓦，陈设着陶器，还有雕塑喷泉，又带有意大利风情，封闭的院子有点摩洛哥风味。整体感觉是明媚的阳光，色彩是单一的抹灰墙——白色、蓝色或橙色，庭院内种有适应干燥气候的植物，还有澄澈的水。

选用与植物相得益彰的花盆，通过形状和颜色来衬托温暖的气候。

在这个庭院中，摩尔式拱门、瓷砖和棕榈树立时呈现出北非或西班牙南部风格。

总览整个项目

这个小院子的后门通往庭院，两边是高墙，通往草坪的台阶（这里没有展示），整体空间约6m宽、15m长。庭院中有四种要素：一个圆形抬高的小池塘，带有镶嵌砖和喷泉，平坦的铺路区域，还有漆成宁静蓝色的抹灰墙以及大量的盆栽植物。

只要选择种植合适的植物，随处都可以打造出地中海式的庭院。

考虑其中蕴含的意义

这种特色的庭院若想设计成功，需要所有元素都要和谐，视野中不要出现孩子的玩具、自行车或垃圾箱。你觉得你能接受吗？这种风格的庭院必须保持整洁。

需要考虑的变数

如果你想修建的是更为现代、极简主义风格的庭院，那就可以不要原色的陶花盆和带颜色的油漆、镶嵌砖，而选择白色陶瓷花盆和白漆。

成功的设计指南

- 需要一个中等大小的院子，约为6m×15m。
- 周围须建高墙。
- 所有墙壁都要粉刷，不应出现大面积的红砖区域。
- 墙壁必须粉刷为单一的白色、蓝色或橙色。
- 可以在墙顶铺上西班牙式的陶土瓦。
- 池塘应该抬高或圆形或方形，用砖块或瓷砖铺砌。
- 需要大量赤陶花盆，也可以简单将花坛抬高。
- 多种容易打理的植物，如丝兰、棕榈树和竹子。
- 选择名牌优质家具，不要选折叠式躺椅或塑料折叠椅。

如何打造地中海式庭院

- 悬挂在墙装托架上的花盆
- 覆盖在墙顶的赤陶瓦
- 瓷砖画
- 抬高的圆形池塘和喷泉
- 台阶上的盆栽和植物
- 平坦的铺路面区域
- 颜色鲜艳的门
- 无花果树
- 盆栽香叶天竺葵
- 丝兰
- 硬叶蓝刺头（蓝刺头）
- 景天
- 大赤陶盆栽棕榈树和盆内配草

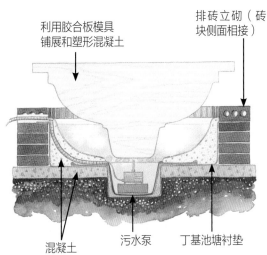

- 利用胶合板模具铺展和塑形混凝土
- 排砖立砌（砖块侧面相接）
- 混凝土
- 污水泵
- 丁基池塘衬垫

横断面细节图，展示由混凝土和砖块修建的圆形池塘。

工作顺序

- 起草设计方案时要将房子、边界、固定结构、排水管道和大树考虑在内。
- 保留精选植物，要么让它们原地不动，要么将其移植至庭院中的其他地方，将不想要的植物送人或处理掉。
- 粉刷所有侧墙，刷成你喜欢的颜色——白色、橙赭色或淡蓝色。
- 用瓷砖铺院子——赤陶瓷砖或是半哑光瓷砖。
- 修建抬高的池塘，用镶嵌图案装饰池塘内里和外表。
- 安装带水泵的简易喷水池。

种植

　　确保你现在已有的植物长势良好。将喜干燥环境的庭院植物移植到花盆中，如龙舌兰、蒲苇、景天、刺芹和蓝刺头。在地表撒上碎石或卵石护根。

照料和维护

　　地中海式庭院要保持整洁。每个季节的开端和结尾，都要清理落叶，清除淤泥，重新刷油漆。

发展

　　你可以慢慢收集正宗的陶器和瓷砖，加以组合，打造出属于自己的庭院。可以安装向上照射的灯，修建小型简易烧烤炉，供晚间娱乐。

规则英式庭院

这种风格的庭院需要什么?

"规则英式庭院"这个词所指的庭院类型颇受限制,这样的庭院一般具备小而规则的池塘、台阶、矮黄杨树篱、精致的花园、草坪、棚架、阳台、红砖小路、玫瑰和格子架。重点是小且对称,整体设计灵感来源于都铎王朝晚期。关键词是英式、红砖、玫瑰和对称。

红砖、棚架、剪短的草坪,代表的是英国风格。

有人说英国园艺师非常痴迷庭院结构的对称,大多规则的英式庭院证实了这个理论。

总览整个项目

可以调整此设计,以适应庭院的规模。设计主要包含六种要素:靠近房子的平台区域、通往庭院的台阶、位于中心的红砖小路、结状创意的对称花坛和草坪、低矮的锦熟黄杨树篱及大量的玫瑰。尽管你可能不喜欢也无法将所有要素融入你的庭院中,但你要保留这个结状图案的设计、对称性、红砖以及玫瑰。

考虑其中蕴含的意义

这种风格的庭院需要付出很多辛苦,将灌木丛修剪成装饰模样、修剪玫瑰等。这种风格会融入你的生活方式吗?

需要考虑的变数

如果你家的庭院较小,你可以将铺设装饰性的红砖小路,融入草坪和花坛的简单图案中,打造出英式庭院。

成功的设计指南

- 你家的庭院大约需要15m宽,30m长。
- 整体设计必须对称,成几何形状,草坪中铺设中心圆圈。
- 铺设的红砖小路要穿过庭院中心,从一头到另一头。
- 需要将修剪过的草坪、花坛和主路两侧成镜像分布。
- 庭院正中心应该有池塘、花坛或雕塑。
- 尽管最理想的是四周全种上树篱,不过你或许不得不先种植爬满了藤蔓植物的栅栏。

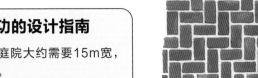

方形"人"字式砌合池塘能够美化庭院。

顺砖砌合和对缝砌法适合铺设小路。

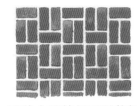

双线方平编织可以将切边砖的需求降至最小。

最典型的英式庭院——一条红砖小路、爬满了玫瑰的棚架、低矮的黄杨木树篱以及作为焦点的规则座椅。

如何打造规则英式庭院

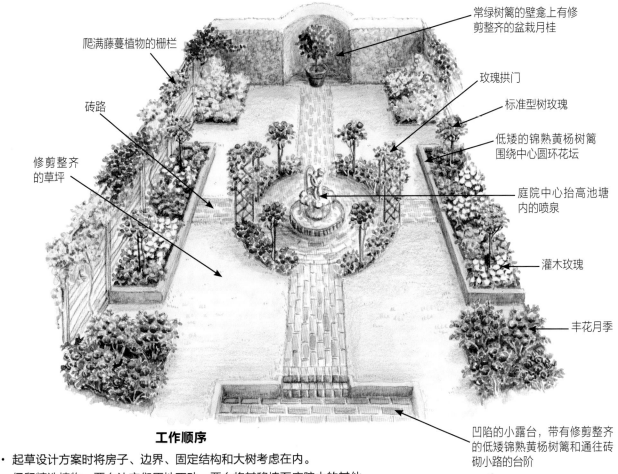

常绿树篱的壁龛上有修剪整齐的盆栽月桂

爬满藤蔓植物的栅栏

玫瑰拱门

标准型树玫瑰

砖路

低矮的锦熟黄杨树篱围绕中心圆环花坛

修剪整齐的草坪

庭院中心抬高池塘内的喷泉

灌木玫瑰

丰花月季

凹陷的小露台，带有修剪整齐的低矮锦熟黄杨树篱和通往砖砌小路的台阶

工作顺序

· 起草设计方案时将房子、边界、固定结构和大树考虑在内。

· 保留精选植物，要么让它们原地不动，要么将其移植至庭院中的其他地方，将不想要的植物送人或处理掉。

· 平整庭院。

· 采用卷尺、短尖桩和线标出池塘、小路、花坛以及草坪的大小和形状。

· 修建池塘。

· 修砌红砖小路，铺上草皮。

种植

　　确保你现在已有的植物长势良好。将各种各样的玫瑰移植到花盆中，比如攀缘蔷薇、攀缘玫瑰、矮玫瑰或低矮玫瑰、标准型树玫瑰或灌木玫瑰。种锦熟黄杨树篱和女贞树篱，再在合适的季节种植其他花卉。

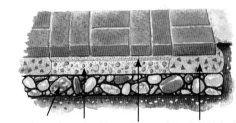

硬底层（碎石）压实石块　　沙子　　灰泥砌的墙角砖

展示砖砌露台或小路地基的横断面细节图。

照料和维护

　　这种风格的规则庭院需要投入很多对墙的照料和维护工作。乍看起来似乎并不太难，只需画直线和一成不变的种植图案，但只有通过辛苦劳作才能构造出一成不变的特色。你需要坚持修剪和辗轧草坪，照料玫瑰、树篱也要持续进行。

发展

　　等主要结构就位之后，再逐渐修建其他景观，比如棚架、阳台和香草园。

幽闭的城市庭院

如何维护隐私？

大家在庭院中休息时，不管庭院多大，都不喜欢被旁人看到。隐蔽的庭院环境并不要求庭院有多大，而是要够私密。庭院可以是一整个庭院，也可以是大庭院角落中的一处小隐蔽处。主要就是要打造一块区域，以墙、栅栏、灌木、藤蔓植物和小乔木隔开。

（上图）装饰性盆栽草坪、棕榈树和竹子的屋顶庭院。

（左图）爬满了芬芳藤蔓植物、薰衣草以及其他香草的一处隐秘的藤架，令人心神安宁。

摆满盆栽植物有助于营造出隐蔽幽静的舒适区域，因为植物和花卉可以过滤掉不想听的声音。

总览整个项目

这个设计非常适合很小的城市庭院，庭院不大于6m宽、9m长。其实，这个庭院只是四处高墙围起来的区域，由四个要素构成：一出门便可看到的草坪、一小块碎石区够容纳一张椅子或桌子、一处小泳池、一个可以任由藤蔓植物攀爬的斜顶棚架。

考虑其中蕴含的意义

这个爬满藤蔓植物的棚架在下雨时和下雨后都会滴水。你想用带旧扶手椅的遮阳棚取而代之，就算下雨时也可以在其中享受这种隐居之感吗？

需要考虑的变数

尽管这个隐匿之处是由爬满了藤蔓植物的棚架构成的，你也可以在其中设置自己喜欢的一切，比如小屋、大阳伞或雨篷，可以随自己的需要设计和布置。

成功的设计指南

- 你家的庭院需要约为6m×9m。
- 三面需要建高墙。
- 所有墙壁风格都应该保持朴实，与原材料使用之前的状态保持一致。
- 如果墙壁粉刷过，那就用格子架遮挡住。
- 水塘应该寂静无声，只有鱼和植物即可。
- 需要很多赤陶花盆。
- 需要种很多藤蔓植物，比如葡萄、铁线莲、西番莲、紫藤，不要种玫瑰或带刺、气味难闻的植物。

如何打造幽闭庭院

带斜屋顶的蓝漆棚架

金色啤酒花（金忽布）

"瑟诺"香忍冬（金银花）

大蜜花（大叶蜜花）

黄菖蒲

素方花（蔓茉莉）

砖边凹陷池塘

砖边碎石

墨西哥橘

赤陶盆栽玉簪花

工作顺序

· 起草设计方案时将房子、边界、固定结构和大树考虑在内。
· 保留精选植物，要么让它们原地不动，要么将其移植至庭院中的其他地方，将不想要的植物送人或处理掉。
· 如果必要，将墙建得高一点。
· 修建棚架。
· 修建池塘。
· 采用碎石和回收来的砖块铺砌院子。
· 在一侧筹备小花坛。

种植

　　确保你现在已有的植物长势良好。种植铁线莲、葡萄藤、啤酒花（忽布）、西番莲、木藤首乌（扛板归）、忍冬（金银花）和紫藤。在土壤上撒豆砾石或树皮做护根。

用灰泥将砖块嵌在边上

砖砌或碎石露台

坚固的衬垫

边缘下的混凝土

支撑衬垫边的沙子

种植架下的混凝土

混凝土板地基

➚ 建在砖砌或碎石露台内的圆池塘，与地面（凹陷）齐平，周围边缘有一圈砖块。

照料和维护

　　需要在每一个生长季节的开始和结尾时清扫干净落叶，清理池塘，除去杂物。检查一下自己的休息处，比如棚屋、遮阳棚或棚架，确保它们完好无损。

发展

　　可以在设计的过程中，添置更多植物，调整布局。可以在植物和棚架之间搭建的塑料屋顶，这样下雨时雨水就不会落在你身上了。

日式庭院

日式庭院适合小空间吗？

日式传统庭院一般都比较小、隐秘、安静，这是其优点。日本园艺师已确定了日式庭院所需的要素、特点和植物。你应该试着在庭院设计中融入以下景观：小水景、踏脚石、巨石、耙平的碎石区、日式石灯笼、枫树、矮松，或许还可以种竹子。不要用油漆、着色过的木材以及色彩鲜艳的花盆。

总览整个项目

这种设计适合非常小的院子，以绿叶植物充当背景，比如竹子、槭树和矮松，还有石灯笼、巨石和岩石、踏脚石、耙平的碎石区以及惊鹿（惊鹿是一种竹制水景）。

带有枫树、景石和平坦的豆砾石区的传统的日式庭院。

考虑其中蕴含的意义

凉爽、幽寂、平静、四季不变的日式庭院能否满足所有家人的需要呢？是不是需要再修建供孩子们玩耍的区域？

需要考虑的变数

虽然日式庭院设有惊鹿，或许你更喜欢雕像那样的水景，比如日式水钵，看起来有点像鸟池。

成功的设计指南

- 庭院最好有6m×6m的面积。
- 需要在边上种乔木、修栅栏或墙壁。
- 需要设石盆接雨水，也可以设惊鹿。
- 需要有一两盆赏心悦目的绿色植物，比如竹子、矮松和草。
- 如果院子里还有空间，可以种棵小乔木，比如枫树。注意，枫树的根需要修剪，防止它长得过于高大。
- 需要铺设耙平的碎石区。
- 需要设置石灯笼。
- 需要精选的石块和踏脚石。

如何打造日式庭院

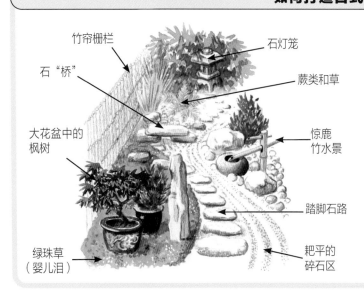

竹帘栅栏
石"桥"
石灯笼
蕨类和草
大花盆中的枫树
惊鹿竹水景
绿珠草（婴儿泪）
踏脚石路
耙平的碎石区

工作顺序

- 起草设计方案时要将房子、边界、固定结构和大树考虑在内。
- 将你想保留的植物留在一边。
- 精心布置灯笼。
- 放置惊鹿。
- 将景石布置到最佳效果。
- 铺设踏脚石。
- 在不同的景物周围撒碎石并耙平。

种植

在装饰性花盆中种植枫树、竹子和矮松，种绿珠草（婴儿泪），繁衍遍及整个院子。

荒野牧草果园式庭院

这种庭院灵感来源于传统的果园，其中重要的是有标准或半标准苹果树、李子树（考克斯和布拉姆利苹果树、维多利亚李子树），一年割两回的高牧草，野生牧草花，也许还要有一棵倒下的树，一垛干草或设一处天然小池塘，四周长满了山楂树篱，中间穿插着野生忍冬。如果你会养鸡、鹅的话，养得越多越好。

如何打造这种风格的庭院？

总览整个项目

这种庭院想设计多大都可以，将果树和牧草花移植出来，周围种上树篱，如果空间足够，也可再修建天然池塘。小路和水平区域要定期割草。

考虑其中蕴含的意义

若你将庭院设计得过于野生化，会不会令邻居不高兴？

需要考虑的变数

你可以用木屑和欧洲蕨代替割过草的小路，以简化设计。

打造这种庭院，你只需种植草坪和几棵苹果树。

老果园打造出的最佳露台，这张桌子非常适合便餐。

旧木长椅总是既实用又美观，能够轻松融入到周围的环境中

压碎的树皮

树桩座位

铺在压实石板上阻止杂草生长的编织塑料薄膜

成功的设计指南

- 庭院外围不能小于9m宽、15m长。
- 种一棵苹果树或李子树，大庭院就种半标准果树，小庭院种矮苹果树。
- 在周围种植树篱或朴实的栅栏。
- 按照庭院需求设计池塘。
- 要选用"回收"来的物件，比如原木和树桩。

如何打造荒野牧草果园式庭院

工作顺序

- 起草设计方案时要将房子、边界、固定结构和大树考虑在内。
- 保留精选植物。
- 挖池塘，置入丁基衬垫。
- 周围种植山楂树篱。

种植

种植精选的李子树和苹果树。在整个庭院中种上牧草和野花。在草坪中割出小路，在池塘中种植当地的野生植物。

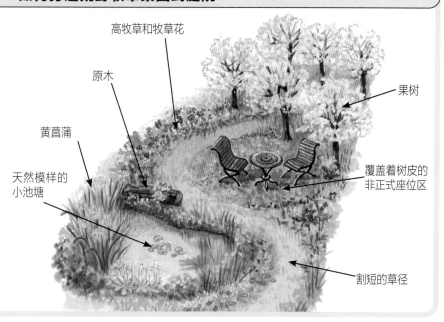

高牧草和牧草花

原木

果树

黄菖蒲

天然模样的小池塘

覆盖着树皮的非正式座位区

割短的草径

香草庭院

香草庭院有很多形式。你可以在院子里专门种植香草,可以是放在干燥庭院中的盆栽香草,可以在露台上或露台周围主要种植香草,可以在菜园中种植香草,或在老式的农家庭院中种满香草,不要种草坪,只需铺设很多弯弯曲曲的小路,花坛中种满香草。有人喜欢盆栽香草,可以将其摆在后门外。

露台旁布置的香草,人们一眼便可看到它们。

盆栽香草不仅美观,而且可以放置在最实用的位置。

总览整个项目

这种设计需要庭院前后2m长,2.5~2.7m宽,完全设计成农家香草庭院,也就是说所有香草的种植要适应厨房所需。实际上,你只需修建周边砌有红砖的深花坛,修一道砖墙作屏障隔挡冷风。

考虑其中蕴含的意义

初学者有时会担心种错了香草,甚至是那些有危害的香草,这种庭院仅以厨房用香草为主,所有香草可安全用在厨房中。如果你有疑虑,可咨询卖家。

需要考虑的变数

你可以将这种设计轻松加以调整,以适应庭院所需。你可以拉长庭院,中心铺设一条小路,两边是镜面布置,或转化为抬高的花坛,也可以与草坪和小路相称等多种选择。

成功的设计指南

- 庭院不能小于2m深、2.7m宽,修建一道墙作屏障。
- 在花坛边砌砖。
- 墙壁要建在冷风吹来那边,这样花坛可以面朝太阳。
- 布置好植物,将较高的植株种在后面。

如何打造农家香草庭院

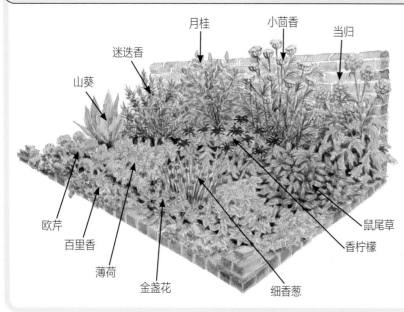

月桂　小茴香　当归　迷迭香　山葵　欧芹　百里香　薄荷　金盏花　细香葱　鼠尾草　香柠檬

工作顺序

- 起草设计方案时要将房子、边界、排水管道、固定结构和大树考虑在内。
- 选择阳光充足的区域,在迎风面修建墙壁。
- 标出庭院区域。
- 挖两次,挖到30~45cm深。
- 在边缘处用混凝土砌砖。
- 用大量腐烂的堆肥和腐叶土改良土壤。

种植

可以在任何合适的时节种植盆栽植物。在春天播种或种植新香草。从花坛后面种到前面。确保自己能够得着植物。

野生动植物园式庭院

只需设一小片水池供蟾蜍、青蛙、蝾螈和鱼栖息，为鸟儿设巢箱和木柱子屋，为虫子放置一堆生了苔藓的原木和落叶层，再精心挑选合适的植物。小鸟儿飞进来找虫子吃，池塘里开始有生物，爬行动物来找池塘生物吃，大鸟和哺乳动物来找爬行动物吃，这时候才开始真正变得有趣。孩子、猫咪和狗狗都喜欢野生型庭院。

如何吸引野生动物？

总览整个项目

在这种设计风格中，面积大约15m宽、30m长。该设计以林间空地为灵感。想象一下自己走出森林，偶然中发现最完美的野餐地。庭院中要有池塘，庭院中心穿过宽阔而弯曲的草坪小径，乔木森林，底下和周边生长着灌木丛，原地有腐烂、歪倒的树木以及一堆堆原木。

考虑其中蕴含的意义

借助这些景观的本质，这将是一个荫蔽的庭院，脚下落叶遍地，有很多零碎东西。野生型庭院并不一定意味着很舒适，你需要一早做好心理准备，庭院中会有很多鸟，不过它们是来找寻"令人讨厌"的东西吃的，比如昆虫和臭虫就是它们的食物。

色彩鲜艳以及成片的植物有助于划出庭院池塘的边界。

需要考虑的变数

如果你喜欢这个整体设计观点，又不想种草坪，可以在地上撒上一层厚厚的木屑和腐叶土。

成功的设计指南

· 庭院不能小于15m宽、30m长。方形庭院比细长形庭院更合适。
· 要修建池塘、水池或小溪。
· 要种一片草地或撒木屑，周围种上乔木。
· 一定要设置座椅。
· 要设一两个鸟桌或鸟屋。
· 种植乔木作为背景。
· 在乔木底下种些灌木。

如何打造野生动物园式庭院

工作顺序

· 起草设计方案时要将房子、边界、排水管道、固定结构和大树考虑在内。
· 挖好并修建池塘。丁基衬垫最适合天然池塘。
· 庭院要设有沼泽区，池塘里溢出的水可以流进沼泽区。
· 种植主要乔木，包括庭院中野生的乔木。
· 在乔木下种植灌木和地被植物。

种植

参观当地的庭院，看哪些植物最适合你家庭院的土壤。最简单的方式就是种植盆栽乔木，比如垂枝桦（银桦树）、花楸树（山灰）和枫树。如果庭院比较小，记得要选紧凑型的树木。等乔木长好之后，再种植灌木和地被植物（注意，某些树木的种荚有毒，须小心）。

前院停车场

如果前庭院空间足够停车,那将它设计成赏心悦目的地方就易如反掌。仔细想想汽车应停在房子和道路的哪里,使用者将如何上、下车,然后利用平滑曲线、美丽的铺砌路面、色彩鲜艳的盆栽植物、封闭的小花坛、吊篮及藤蔓植物进行设计。不要整体都铺设混凝土或柏油碎石路面。

总览整个项目

在这个设计中,前院为边长约4.5m的正方形,门口右边的区域用砖块铺就,花坛中种植容易打理的植物。

考虑其中蕴含的意义

如果你需要稍微转向车子,才能进入或离开那片区域,那这会不会让邻居心烦?车灯会不会照进邻居家的窗户?车门会不会碰到邻居家的栅栏?你会不会开车轧过下水道井盖?

需要考虑的变数

可以将花坛抬高,这样人们就很难踩踏植物。

这个设计巧妙地模糊了铺砌的停车区边界,很适合小巧的前院。

成功的设计指南

- 庭院为边长约4.5m的正方形。
- 要用优质的砖块铺砌,而且地基要夯实。
- 用装饰性的砖块或瓷砖为车道铺边。
- 要在花坛中种植矮灌木和岩石庭院植物。
- 在植物周围撒碎石或豆砾石之类的护根。
- 试着模糊种植区和硬地面之间的边界。
- 要考虑到排水系统。

如何打造停车场庭院

工作顺序

- 起草设计方案时将房子、边界、排水管道、固定结构和大树考虑在内。
- 标出停车区。
- 挖出深30cm的区域。
- 铺平坦的混凝土边。
- 放下压实的碎石板,再用沙子砌砖,如果土壤很软,就用混凝土砌砖。

种植

要种矮松柏和生长缓慢的高山植物,所选的植物需要能够在假山或碎石土壤(见P68~P69)中生长。在门边悬挂吊篮或盆栽。

山水庭院

从实用的观点考虑，先建池塘或岩石瀑布会比较好，建得越大越好，然后随着时间扩充庭院，布置岩石水池和小溪、喷泉、岩石洞穴、沼泽地、假山、碎石路面、旁侧水池等。以这种顺序建造，你可以逐步设计整个庭院，直到建成一片巨大的山水景。如果你的时间或金钱不充裕，或两者都不充裕，那么这就是合适之选。

这种类型的庭院容易修建吗？

总览整个项目

以下这个庭院设计，使整个庭院变成了山水的融合。如果没有水从岩石上流淌，那么这就是假山或碎石区。

考虑其中蕴含的意义

仔细查看庭院，考虑一下该设计将如何影响整体空间的使用。还要想一想，这个设计对孩子们或宠物会不会有问题？

需要考虑的变数

可以为庭院提供主题，将其设计成沙滩或日式庭院，也可以采用特定形状的石块来布置庭院。

这个精致的小庭院完美结合了倾泻而下的水流、自然雕琢的岩石和苍翠的植物。

成功的设计指南

- 确定庭院设计面积。
- 尽可能打造出最大的池塘。
- 丁基衬垫最为合适。
- 要尽可能安装最大的抽水泵。
- 批量购买当地的石头，即使初期用不到，后期也可能会用到，而且大量购买更为经济划算。
- 利用好现有的斜坡和平地。

如何打造山水庭院

工作顺序

- 起草设计方案时要将房子、边界、固定结构和大树考虑在内。
- 挖好池塘，采用废石方、废土打造通往池塘、设有台阶的高地。
- 画出要挖的坑，用一张丁基薄膜铺在设有台阶的高地上。
- 从池塘中的水泵上引出一条水管到高地的最高处。
- 修建岩石台阶，用沙子和石块铺砌其他区域。

种植

如果开始种植，要先从池塘中心开始，沿着溪流边种植，最后在假山和沼泽区种植。要在假山上种高山植物和矮松柏，在瀑布边种枫树。

小型露台庭院

与在最小的房间内修建惬意、舒适的区域差不多，你也可以修建小型露台。不要一开始就担心风格，更不要担心材料，不过要关注自己的基本需求。你希望有这样一处角落吗？一个可以安静读书的地方，一个有一张桌子和几把舒适座椅的地方，一个可以烧烤的地方，一个或可沐浴阳光或可隐于树阴的地方，又或者一个流水潺潺的地方。整体设计要围绕你的需求进行。

充分利用小空间

庭院中一块单调、无华的区域，在铺设这样的装饰性露台之后，可以显著提升整个区域的外观。

棚架可以将小露台变成令人惊艳的地方，让露台更加清晰、结实、私密。

你可以随意将露台打造成你想要的样子。这种安宁、整齐的摆设灵感来自于规则式的日式庭院。

总览整个项目

好好看一眼你家的庭院，根据你的需求评估庭院的面积。如果庭院很小且靠近房子，那就确定将如何遮掩已有的设置，比如排水管和井盖。

考虑其中蕴含的意义

正如翻修家里的某个房间时一样，比如，你可能从维多利亚时代的意象中汲取灵感，然后继续装饰房间，这样一切都与你最初的灵感相呼应。同样地，必须要选用与你的主题相呼应的材料来装饰露台。

需要考虑的变数

露台有数百种风格、样式和材料可选，有盖板露台、砖砌露台以及树皮和碎石铺就的露台，有由完全切割而成的石块和再造石砌成的露台，有灵感来自于各种不同文化风格的露台，比如地中海式、摩尔式、日式和现代风格。无论庭院大小如何，都有一种恰好适合你的绝佳选择。

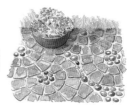

虽然完全切割的石块砌路非常贵，而且很难与周围景物融合，但这却是非常好的选择。

砖石融合非常协调，如果想打造低成本露台，这种风格最为合适。

在规则的砖块图案缝隙中填满卵石、碎石，种满植物，非常抢眼。

如果你想建相对便宜的露台，碎纹石路（片石路）就很适合；将石块固定在灰泥圆板上。

这个不寻常的的露台铺了混凝土，再将卵石压入其中作装饰。

铺路石的类型和大小各不相同。

如何打造小型露台庭院

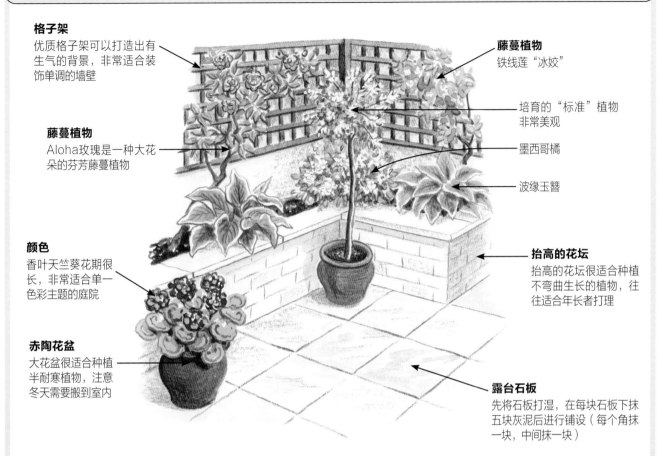

格子架
优质格子架可以打造出有生气的背景，非常适合装饰单调的墙壁

藤蔓植物
Aloha玫瑰是一种大花朵的芬芳藤蔓植物

颜色
香叶天竺葵花期很长，非常适合单一色彩主题的庭院

赤陶花盆
大花盆很适合种植半耐寒植物，注意冬天需要搬到室内

藤蔓植物
铁线莲"冰姣"

培育的"标准"植物非常美观

墨西哥橘

波缘玉簪

抬高的花坛
抬高的花坛很适合种植不弯曲生长的植物，往往适合年长者打理

露台石板
先将石板打湿，在每块石板下抹五块灰泥后进行铺设（每个角抹一块，中间抹一块）

根据你家庭院特有的情况和偏爱的材料，调整庭院设计。这个庭院采用一层硬底层（碎石）稳固地面。比如，如果你在已有的混凝土地基上修建，那就不要用硬底层（碎石）。

工作顺序

画出露台区域，清除表层土，挖大约20cm深，再挖30cm的沟修建矮墙。在沟里铺10cm厚的压实硬底层（碎石），然后再铺20cm厚的混凝土。在露台区铺10cm厚的压实硬底层（碎石），再铺5cm厚的尖砂。将石板铺在灰泥圆板上，置平。修建高约六层砖的墙壁，粉刷墙壁，固定格子架。

种植

选择耐寒的倒挂金钟和天竺葵盆栽，在格子架上混合种植藤本玫瑰和铁线莲，也可以在抬高的花坛中种植小灌木。尽快种植盆栽灌木，在合适的季节种植其他比较不耐寒的植物，移栽时浇水，小心观察它们的生长。

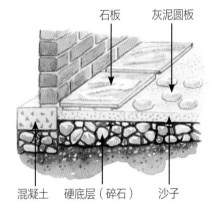

石板　　　灰泥圆板

混凝土　硬底层（碎石）　沙子

庭院设计的横断面图，表明各种不同的构成部分如何共同打造出结实、耐用的露台。

照料和维护

照料和维护需要持续进行。必须清除杂草和苔藓，剪除长势过盛的植物，更换破裂的铺路材料，往地面洒水时往缝隙中扫进去沙子和干混凝土，清扫碎片，偶尔用漂白剂擦洗或用高压喷射机喷洒地面。

发展

正如你可以往室内添置物件，你也可以往露台上添置。当你坐在那里时，如果你喜欢更为舒适的椅子、加热器、昏暗的灯光或任何东西，那么为何不添置呢？

选择植物

庭院设计初学者经常遇到的问题是，尽管他们清楚地知道自己想要的布置，比如小路、露台、池塘、抬高的花坛等，但他们对植物知之甚少。然后，如果脑子里一下子塞满植物种植的信息，可能会雪上加霜。首先，最好集中精力关注庭院设计，了解了需要知道的相关知识之后，决定植物种植。要不断问问题，并不断寻找答案。

你需要了解什么？

在这一阶段，只需集中精力关注植物的基本情况，比如诸此类植物需要什么样的土壤、是否需要遮阳棚、喜阴还是喜阳，在一年四季不同的时节外观会如何，植物会长到多大，会长多久，之后会了解修剪、繁殖、疾病之类的事宜。在这个过程中慢慢发现，如果你完全是新手，要从以下几页中，找出你最喜欢或常见的植株，然后再去深入了解这种植物。边读相关资料边学习很好，但边做边学更好。

乔木和灌木

乔木和灌木尤其适合各种庭院，有些长得很矮很宽，有些长得很高。有些因为它们所开的花而闻名，有些树叶在秋天或冬天会变得很漂亮。

树篱和灌木墙

树篱和藤蔓灌木非常适合打造边界，遮挡难看的棚屋或墙壁。很多攀缘灌木借助墙壁而获得温暖和保护。

藤蔓植物

适合各种环境的藤蔓植物：从长着漂亮叶子、可以遮盖一切的藤蔓植物，到会开出特色花朵的藤蔓植物。独立攀爬、自己维持的藤蔓植物都是不错的选择。

多年生草本植物

多年生草本植物通常可存活3~4年，之后就需要拔除或分栽，很适合种在花坛里。这些植物在春天长出新梢，秋天又会逐渐枯萎。

花圃植物和鳞茎

大多数春天开花的花圃植物都是二年生的，而且生长在球根植物旁会很美观。鳞茎会埋在地下一部分，帮它们度过休眠期。

一年生植物和二年生植物

一年生植物是播种之后在一年之内开花，而二年生植物是头一年播种，次年开花。有些自动播种的一年生植物每年都会再生新芽。

岩石、岩屑堆和沙漠植物

可以在岩石、岩屑堆和荒漠环境中茁壮成长的植物有很多很多，从高山植物、矮乔木到耐寒的仙人掌和多肉植物。

水生植物

从池塘一侧到中心，可以种植湿生植物、边缘植物、深水植物、浮在水面或没入水中的植物。

竹子和草地

竹子和草坪同属一个植物类目，适合各种环境的竹子和草坪多种多样，有小一点可以养在花盆中的，还有些可以种在花坛中的种类。

盆栽植物

盆栽植物指的是任何可以在花盆中生长的植物。花盆可以分类放在地上，吊篮很适合空间或地面空间较小的地方。

香草

可选的香草门类众多，比如实用的，可当作药物的，还有散发芳香的，最好选择可以安全食用的香草，即可以用于厨房烹饪的香草。

水果和蔬菜

我们都了解水果和蔬菜。看着植物生长，然后吃它们的果实，还有什么比这更能享受庭院的乐趣呢？

哪些植株适合我的庭院？

回答这个问题最好的方式就是估量庭院的规模，可能是很微小、小、大、很大或非常大，然后拿起笔和本，参观附近的展示花园，再参观当地所有的开放庭院，留心哪些植物长势良好。

需要多少植物？

要记住，植物不只会长大，还会通过播种、插条、分栽等方式繁殖，有两种选择：可以先种建筑植物，比如乔木、灌木和藤蔓植物，然后再在询问后买其他的植物；也可以立马斥巨资将植物种满庭院，甚至种到漫出来，但你很快就知道需要稀疏一点，然后将移出来的植物送给亲友。

购买植物

植物最好从专业人员那里购买。如果你想种苹果树，那就去专门种植苹果树的苗圃购买，诸如此类。这样，你就会买到最优质的植物、得到最佳建议。先列一个问题清单会比较好，这样能买到最合适的植物。

庭院中心 庭院中心适合小型的"一次性"植物，不过这种植物不太适合最初种植。不过，你应该始终摒弃看起来萎靡的、不吸引人目光的植物。

苗圃 最好是选择好的苗圃，尽量从多年从事种植的专业人士那里购买植物。多打几个电话，得到最好的报价。

邮购 邮购适合购买用于特殊场合的"一次性"植物，或购买特价植物，不过差不多就是这样。当然，你会受到漂亮图片的引诱，不过一定要彻底研究植物价格。

可以播种什么植物？

如果你足够耐心，并且打算一直在这里生活到晚年，就可以播种一切植物，不过一般包括一年生植物、草坪及所有的蔬菜和生食菜类。但播种某些植物可能会是个很值得挑战的事情。

选择有益于健康的盆栽植物

如果植物看起来很萎靡、瘦弱、灰尘满布、太干燥或太潮湿，或不吸引人的目光，那么这种植物可能就买错了。理想状态是，植物需要看起来很紧凑，枝茎修剪得干干净净，没有枯死或将要枯死的部分，根也没有长出花盆。记住不要受低价诱惑。

即时照料植物

移除所有凌乱的植物。等天气温和（不太热也不太冷）时，在庭院中种下植物，多浇水。

结合植物设计庭院

如果将包括相关结构的庭院比作房子里的一个房间，那么植物就像是墙纸。唯一的区别就是植物的规模、形状和色彩一直在变化。因此，你的任务不仅仅是挑选出你已确定的适合庭院中各种微气候的植物，而且还要了解这些一直在变化的植物将怎样长满庭院。注意有些植物会迅速长到它最初的两倍大。

需要考虑的重点

在庭院中工作选择植物填充满不同的空间时，你必须确定每种植物是否适应在这里培育，最好是问一问自己以下这些问题。

阳光和阴影 有没有足够的阳光或阴影？如果环境不是很适合，可否通过修建墙壁或屏障稍微进行调整？这也许是一处向阳的位置，但还有乔木、建筑之类有可能形成阴影的东西？

遮阴和无遮挡 植物能否经得起周围最严酷的环境条件，比如大风、暴雨和霜冻？

土壤类型 土壤类型适不适合要种的植物？如果土壤是沙地，那么适合植物生长吗？

规模 植物是否足够大？如果植物需要一定时间才能长大，那么你是否有足够的耐心等待？如果植物最终会长到足够大，那么你能不能利用其他植物填补缝隙后再移出来？

个人爱好 如果你喜欢又高又细的植物，或常青植物，或花期很长的灌木，或任何植物，那么要想清楚这种植物适合这个庭院吗？

成本 最开始购买植物可能很贵，但如果这种植物能长得很大，或存活很长时间，那么这种植物的特色会不会抵消掉这笔开支？

维护 你可能喜欢种植物这个概念，但会不会需要大量的维护工作？

寿命 这种植物会不会存活足够长的时间，甚至是太长时间，是否满足你的需求？

颜色 这种植物能否绚丽多彩？比如，有些耐寒的倒挂金钟不仅会开出鲜艳的花朵，长出美丽的绿叶，还会结出红莓，变成红茎。

对立和和谐 假如你已经选了两种植物，那么它们长在一起是否和谐？是否会形成鲜明的对比，又或者你是否在寻找彼此和谐的植物？

适宜性

所选择的每种植物要能够实现它的目的。如果种植某种植物，想让它遮阴，让高墙后面的地方变得潮湿一点，那你需要问自己两个基本问题。这种植物在这个位置会不会茁壮成长？在它成熟时，会不会实现你的设计期望？也就是说，它能不能长得足够高、足够宽阔，颜色合不合适，会不会适时开花，会不会与你选择的其他植物和谐相处，如此种种。

花叶胡颓子　洒金桃叶珊瑚
金边扶芳藤　洒金桃叶珊瑚"阳光"

这组灌木一年四季都不会枯萎，你应该在灌木底下种植鳞茎，进一步强化这种常绿的效果。

生长习性

植物的生长习性与其外观有关，有些植物像火箭一样长得笔直，有些植物贴近地面生长。植物的名字一般暗示着其生长习性。比如，"匍匐生"植物喜欢贴紧地面生长，而"锥形"植物（如"径直往上"的植物）喜欢向上生长。

生长习性各异的植物一起生长可能会长得令人惊艳。

实用性

植物不能差不多刚好，必须各方面都恰到好处。有时候，可能很多不切实际的地方会构成阻碍，比如成本、规模、敏感性、讨厌的刺、有毒的浆果、不好闻的气味、不合适的高度以及其他缺点，你必须忍痛割爱，选择别的植物。

种植方案举例

"混合"花坛

杜鹃花不仅花朵艳丽，蜡质叶片也很美观

常青树一年四季形态优美

色彩鲜艳的枫树

这个迷人的夏季花坛里种有灌木、藤蔓植物、小乔木、多年生草本植物、鳞茎和花坛植物。这种特色的混合花坛实用性较强，因为它一年四季都能够保持鲜艳色彩，形态优美。

竹子和青草

矢竹

山白竹

棕红苔草

矮兔尾草

竹子和青草的形态和颜色备受青睐，随着季节变化，而且还可为其他植物提供实用性的保护。

藤蔓植物

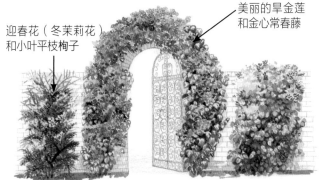

迎春花（冬茉莉花）和小叶平枝栒子

美丽的旱金莲和金心常春藤

精选的一组藤蔓植物终年形态良好，色彩鲜艳。右图这组植物有狗枣猕猴桃、灯笼紫葳、哈丽金银花。

花圃植物

凤仙花　金盏花　毛叶秋海棠　矮牵牛花

花圃植物万紫千红，可根据需要及时种植，如果旁边的其他植物凋败，在花坛中留下了不雅观的缺口，这些植物可作备用。

气味

"比起没香味的无趣庭院来说，还是强烈的香味好"，说这话的人一定喜欢种植气味芳香的植物。虽然那样的植物并不受形状和颜色的影响，不会影响庭院的视觉设计，但还是需要慎重考虑，尤其是会有视力障碍的客人前来庭院拜访时。

色彩鲜艳的树皮和树干

漂亮的植物很好，颜色鲜艳的花卉就更好了，但值得一提的还有颜色鲜亮的树枝或树皮颜色。因此，秋天和冬天时，逛一逛展示庭院，看有哪些树枝、树皮在售，是个不错的办法。

这种鲜艳的垂枝桦（银桦树）和深粉色的树枝，比如耐寒植物倒挂金钟和条纹或剥落的枫树，在弥漫着白灰色气氛的冬日里，十分振奋人心。

柳树——这种树有很多类型、大小和种类，其鲜艳的树枝颇受欢迎。

糙皮桦藏南绿南星的白色树干和特有的剥离型树皮非常漂亮。

血皮槭树皮是深色的，剥落后里面是橙色的内皮。

山茱萸的幼茎色彩鲜艳，颇受欢迎。

乔木和灌木

它们值得花费这么多吗?

乔木和灌木一般都很贵,但比较容易打理,这些植物一旦在庭院中扎根,一般会供你一生观赏。有人说,乔木和灌木构成了庭院的支柱或框架。如果你多加留心,挑选优良的乔木和灌木,包括冬季、春季、夏季开花的树木,终年均可欣赏多彩的颜色。

一点点就足矣

如果庭院较大,就不需要担心乔木和灌木的规模了,否则就需要种植紧凑而整齐的小型植物,也就是本身比较美观的乔木和灌木。如果某种乔木或灌木的特点是需要不断修剪才能保持良好的形态,那么就不要选这种植物。多半需要生长缓慢的乔木和灌木,终年都比较美观,容易成活且不具入侵性。

虽然很多灌木会存活十年或更长的时间,当然很多乔木甚至可以存活几百年的时间,但它们在被选择、种植和修剪时都需要精心照料。乔木和灌木形成了庭院的永久性框架,奠定了庭院其他设计的基调,打造出了庭院的整体风格。

园景乔木和灌木

园景乔木和灌木最适合作为庭院设计特点,就像精心挑选的雕像。比如,两棵修剪成型的盆栽矮常青树,放置在台阶旁,让台阶平添了几分壮丽和奢华之感。

秋天的血皮槭鲜艳欲滴。

拉马克唐棣

柳树
白欧楂

小型、耐寒的落叶乔木或灌木,仲春会开出一簇簇的雪白花朵。秋天,叶子由铜红色变为浅黄色,红色的浆果变成黑色。

土壤和环境: 喜欢潮湿但排水良好、无石灰的土壤,喜欢充足的阳光,也喜欢斑驳的阴影。

设计要点: 非常适合大庭院,靠墙或树篱生长,这些地方尤其需要一棵小乔木或大而浓密的灌木。

↕ 3~4.5 m　↔ 3~3.5 m

糙皮桦

欧洲桦
纸皮桦
喜马拉雅纸皮桦

细长的大型乔木,长有灰绿色叶子和剥落的银白色树皮。

土壤和环境: 喜欢排水良好的土壤,阳光充足或全遮阴环境中均可生长。

设计要点: 非常适合大庭院,是冬日里极好的景观。

↕ 6~9 m　↔ 1.8~3 m

洒金桃叶珊瑚

千里光

长有银灰色叶子的常绿灌木。初夏到仲夏会开出类似雏菊的明黄色花朵。成熟的灌木贴近地面生长,像是长满苔藓的圆形隆起物或高地。

土壤和环境: 喜欢潮湿但排水良好的深翻土壤,喜欢全日照。

设计要点: 如果你想在地面打造出迷人的景色,想种在花坛边缘,或想营造波浪状的效果,那它就是不错的选择。

↕ 60 cm~1.2 m　↔ 90 cm~1.5 m

墨西哥橘

墨西哥橘

浓密的常绿灌木，从暮春到仲夏开出白色的香橙花样的花朵。这丛灌木大约齐人高。

土壤和环境： 喜欢深翻、排水良好的土壤，喜欢全日照，也喜欢斑驳的阴影。

设计要点： 如果你喜欢香气四溢、易于打理的圆形灌木，那么这种漂亮的植物就是不错的选择。既可以靠着墙种，也可以独立种植。

↕ 1.5~1.8 m　↔ 1.5~2.1 m

木樨花

岩蔷薇
胶蔷树

浓密的常绿灌木会开出薄如蝉翼的红点白花。这种玫瑰状的（有人说是罂粟花状的）花朵从初夏一直开到仲夏。

土壤和环境： 喜欢深翻、排水良好的全日照土壤，不喜欢霜冻或风。

设计要点： 如果你想找开满花朵的显眼的大型灌木，这就是不错的传统选择，种在花盆中或花坛中都很美观。

↕ 30~60 cm　↔ 30~60 cm

连翘

金铃

这种耐寒的落叶灌木丛初春到仲春会开出大量的黄色花朵，色彩金黄。成熟的灌木大约与人同高。

土壤和环境： 喜欢深翻、潮湿、排水良好的土壤，喜欢充足的阳光，也喜欢斑驳的阴影。

设计要点： 非常适合传统农舍庭院，喜欢靠墙而生，可以将其修建成树篱，不过如果不加以照料，它会长得乱七八糟。

↕ 1.8~2.4 m　↔ 1.5~2.1 m

灯笼海棠
"爱丽丝·霍夫曼"

茎为红色的落叶灌木，从仲夏到深秋有红色的、红白色的钟状花。还有许多其他品种可供选择。

土壤和环境： 喜欢排水良好的深翻土壤，和充足的阳光或斑驳的阴影。

设计要点： 它是一种非常漂亮且传统的选择。这种品种可以作为灌木丛种植，也可以修剪成为树篱。每种情况都有一些符合风格的吊篮类型，甚至是挂在种植在花盆里的植物上等。一个与灯笼海棠和谐相映衬的植物组合将会是引人注目的景观。

↕ 1.8~2.4 m　↔ 1.5~1.8 m

其他乔木和灌木

- **小檗（达尔文小檗）：** 常绿灌木，长有小而多刺的叶子，能开黄色的花朵，结紫色的浆果。花朵从仲春开到暮春。如果你想种植装饰性树篱，种两排可以充当屏障，那么这种灌木非常适合当树篱。如果家里有猫、狗、孩子，那么一般不要种小檗。

- **大叶醉鱼草（蝴蝶灌木/夏天的丁香）：** 耐寒的落叶灌木，茎长而细，带刺，或火炬状，开紫色的花朵，有点像丁香。花期从仲夏到暮夏。大叶醉鱼草香气袭人，会吸引蝴蝶、蜜蜂和鸟儿，非常适合农舍庭院或荒野庭院。

- **地中海柏木"图腾杆"（意大利柏木）：** 耐寒的常绿乔木，树叶是针叶。细长的树形代表着法国和地中海风格。它是雕刻的上佳乔木，需要"缠线"（用麻线缠绕在树枝上，隐藏在树叶下），这样树形不会在冬天散架。

- **绣球（普通绣球花/法国绣球）：** 耐寒的常绿灌木，开出一簇簇蓝色、紫色的球形花朵。花期为仲夏到暮夏。这是种"随处可生长"的植物，非常适合园艺初学者。花朵失去颜色、薄纸状的花球干透后甚至会更美观。

- **银河樱（笔直的日本山樱）：** 耐寒的棒棒糖状乔木，树枝笔直，开有一簇簇淡粉色的樱花。如果你想种樱桃树，但庭院却很小，那么这就是比较好的选择。

- **"柱状"欧洲红豆杉（黄金红豆杉/黄金爱尔兰红豆杉）：** 耐寒的常绿乔木，枝干细长笔直，叶子镶有金边，茎是黄色的。这种乔木看起来像园景树，也许可以在大门或路边种一棵。红豆杉外貌规则，若有需要，可将其修剪为齐整利落的树形。

树篱和灌木墙

这些植物如何利用?

无论庭院形状如何,小路都有可能充当边界,还有其他将你家跟邻居家分开的边界。你可以种灌木墙,掩盖难看的墙壁,在庭院的迎风面种植又高又茂密的树篱,在邻居家一侧种植带刺的混合宽阔树篱和灌木,在家和学校运动场之间种植矮宽树篱等。树篱虽很好,但一定要牢记它需要不断打理。

以树篱和灌木墙确定边界和设计景观

树篱和藤蔓灌木所确定出的边界最为美观、持久,可能会很贵,而且要花费时间定植,不过一旦定植,树篱和灌木墙将存活一生。随着时间流逝,墙壁和木栅栏板会破裂和粉碎,但树篱和灌木墙只会越来越结实,整体越来越美观。树篱和灌木墙也可以为庭院增添形态和色彩。你可以按照自己喜欢的样式修剪树篱,可以是立方体和锥体的几何形状,可以是像动物外形的有趣形状,甚至周围也可以是怪诞的拱廊和王座。灌木墙最适合遮挡我们不得不与之共存的不美观墙壁和简陋棚屋。

建筑拱廊灌木修剪法

将灌木修剪成拱廊形状有三个优点:很美观、可用作分割线或边界、打造的过程也很有趣。如果你想更进一步,可以在拱门某侧修剪出"窗户",修剪成城堡状,也可以再修剪拱廊或壁龛。

一个由缓慢生长的欧洲红豆杉(红豆杉)构成的令人惊艳的拱门。

锦熟黄杨
欧洲黄杨

这是耐寒的常绿灌木,长有深绿色的小叶子,生长缓慢,树形紧凑。

土壤和环境: 喜欢排水良好的肥沃土壤,适应任何环境。

设计要点: 这种植物适合香草庭院周围修剪而成的小型树篱,你可以随处种下紧凑、修剪齐整的小型传统树篱。

 1.8~2.1 m ↔ 1.8~2.1 m

---

聚花美洲茶
蓝花
加州紫丁香

这是种茂密、紧凑的常绿灌木,长有小叶子,开一簇簇亮蓝色花朵,花期为暮春至仲夏。

土壤及环境: 喜欢排水良好的中性至酸性土壤,喜欢阳光充足的环境。

设计要点: 如果你确实想打造吸引眼球的色彩的景观,这是极好的代表性植物。蓝紫色花朵不太常见,而且会很长时间,在饱受风吹雨淋的木材和红砖的映衬下,越发美丽。

↕ 1.2~1.5 m ↔ 1.2~1.8 m

小叶平枝栒子
鱼骨栒子
岩石栒子

这是种耐寒、低矮的常绿灌木,枝叶繁茂,长有小叶子,春天开出一束束粉色花朵,秋天至暮冬结出明亮的红橙色浆果。

土壤及环境: 喜欢排水良好的土壤,喜欢充足的阳光,也喜欢斑驳的阴影。

设计要点: 如果你想借助一抹色彩掩盖单调的墙壁或栅栏,尤其是冬天结出浆果时,这种植物是不错的选择。

↕ 60~90 cm ↔ 1.2~1.8 m

扶芳藤
"银后"
国爬行卫矛
山茶

这是种茂密、贴地生长的常绿灌木，叶子斑驳，很小。花期为暮春至仲夏。

土壤和环境： 喜欢排水良好、阳光充足的中性至酸性土壤。

设计要点： 适合当作灌木墙或矮树篱，主要生长在沿海地区。靠刷成白色的砌块墙生长，很漂亮。

↕ 60~90 cm ↔ 60~90 cm

短筒倒挂金钟
"雷氏短筒倒挂金钟"
倒挂金钟

这种茂密、紧凑的落叶灌木长有深绿色叶子、红茎，开一簇簇明亮的深红色、紫色钟形花朵，花期为仲夏到秋天。

土壤和环境： 喜欢排水良好的土壤，喜充足的阳光，也喜欢斑驳的阴影，最喜欢无霜的区域。

设计要点： 这种灌木很好打理，物有所值，不仅花朵很美，红色的树枝也很漂亮。可以用来种灌木墙，也可以将其修剪成树篱。

↕ 1.2~1.5 m ↔ 1.2~1.8 m

薰衣草
法国薰衣草
西班牙薰衣草

柔嫩的常绿灌木，长有灰绿色的叶子，开有一簇簇的粉色花朵。

土壤和环境： 喜欢排水良好的肥沃土壤，喜欢充足的阳光，也喜欢斑驳的阴影。

设计要点： 这种植物常常用来种植低矮、芬芳的树篱，围绕着香草庭院和露台而种，可以根据自己的喜好，种在自己常常坐着、享受芬芳气息的地方。

↕ 30~60 cm ↔ 30~60 cm

绵杉菊
棉属薰衣草
薰衣草棉

耐寒、茂密、穹顶状的常绿灌木，长有银叶，从仲夏到暮夏开出嫩黄色的花朵。

土壤和环境： 喜欢排水良好的中性土壤，喜欢充足的阳光。

设计要点： 用来打造装饰性、芳香的矮树篱的传统植物，非常适合种在凉亭或露台之类的休息区周围。

↕ 60~90 cm ↔ 30~60 cm

其他灌木墙和树篱植物

- **红萼苘麻：** 半耐寒的灌木墙，从夏天到秋天开出紫红色的花朵。如果你喜欢花期很长的植物，那么这就是个不错的选择。高度：1.5~2.1m。蔓延度：1.5~2.1m。

- **莱兰柏"罗宾逊的黄金"（莱利柏）：** 快速生长的杏黄色松柏科植物。虽然这种植物已逐渐不受欢迎，但如果需要种植茂密的树篱，莱利柏还是很适合大庭院的。如果你在它的生长期修剪三次，那么它将会有一段时间被误认为是红豆杉树篱。高度：1.8~4.5m。蔓延度：0.9~1.2m。

- **欧洲山毛榉（山毛榉）：** 耐寒的落叶植物，长有的绿色叶子，在秋天会变成赤褐色。冬天大部分时间都是赤褐色叶子。结实的山毛榉树篱可以打造出传统的景观，非常适合城镇和乡村庭院。9m高的山毛榉树篱非常醒目。高度：1.2~9m。蔓延度：0.9~1.5m。

- **欧洲冬青（冬青）：** 耐寒的常绿针叶植物，雄株会结出亮红色的浆果。如果你想打造不让人通过的障碍，可以选这种植物，这样叶子逐渐落下形成地毯类的一层，猫、狗或孩子们就不会踩上去。高度：0.9~7.5m。蔓延度：0.6~1.2m。

- **尼泊尔黄花木（常绿黄花木）：** 几近常绿，会开出明黄色的大花朵。这种植物需要挡风墙的温暖保护。高度：0.9~1.5m。蔓延度：0.9~2.4m。

- **黑刺李（刺李）：** 耐寒的落叶植物，开白色花朵，结出紫色的刺李浆果，能打造出不能通过的树篱。黑刺李很适合背靠一片羊群、牛群的田野的农家庭院。高度：0.9~1.5m。蔓延度：0.9~2.4m。

藤蔓植物

**如何充分利用
藤蔓植物？**

藤蔓植物已进化了很多，能够爬上或围绕垂直或水平的支撑物生长，它们绕着电线、杆子和宿主植物弯曲缠绕，爬上砖石墙壁。有些藤蔓植物长有卷须，可以抓住格子架和宿主植物，有些生长速度很快，成群生长，可以沿着支撑物攀爬。如果你想种快速生长、适合高空的植物，藤蔓植物就很适合。

设计藤蔓植物景观

你在地上种满了灌木、灌木丛、乔木、青草等，而且也在庭院边界周围种了树篱，那么现在还可以做些什么呢？答案就是，你可以打造庭院的"垂直"景致，只要你能想象，藤蔓植物适合庭院的任何地方。种植藤蔓植物，可以爬上无法遮挡的难看建筑，比如不雅观的棚屋、破碎的墙壁；可以利用藤蔓植物遮阴或在庭院中打造私密的空间；也可以让藤蔓植物在藤架、拱门之类的建筑垂下来；还可以种盆栽藤蔓植物并将其架起来，任其爬到树上，选择很多。

前门花卉

可以怎样修饰沉闷的前门？答案就是要修建木拱门，搭格子架，在周围种藤蔓植物。前一刻，你觉得前门像"荒凉山庄"，下一刻，前门长满很多形态极好、长有绿叶和色彩丰富的花，就会变成很迷人的大厅入口。

*藤蔓植物和盆栽
打造出色彩缤纷
的景象。*

铁线莲
"紫罗兰之星"

落叶藤蔓植物，长有深绿色鸭子，开出迷人的淡紫色花朵，花期从暮春至仲夏。

土壤和环境： 喜欢排水良好的土壤，喜欢充足的阳光，只需将根部覆盖好。

设计要点： 非常适合爬到格子架或凉亭的植物，它开出的花朵备受喜爱。

 1.8~3 m ↔ 1.2~1.8 m

棉团铁线莲
甘青铁线莲

生命力旺盛的藤蔓植物，长有深绿色叶子和紫色的茎，开出一簇簇的星状、嫩黄状花朵，花期从仲夏至仲秋。

土壤和环境： 喜欢排水良好的肥沃土壤，喜欢充足的阳光。

设计要点： 夏日凉亭或藤架最适合的藤蔓植物，温暖的夏日下午闻到芳香的气味，非常美好。

↥ 6 m ↔ 1.2~1.8 m

杂交铁线莲

开出漂亮花朵的落叶藤蔓植物。这种植物取决于品种，花期从初夏至暮夏，花色从素色开出各样带斑点条纹的鲜艳花朵。

土壤和环境： 喜欢排水良好、中性至碱性土壤，喜欢充足的阳光，根部不能日晒。

设计要点： 铁线莲是藤蔓植物中的佼佼者。如果你真的想买株藤蔓植物，那么杂交铁线莲就是不错的选择。爬满栅栏和格子架的铁线莲非常漂亮。

↥ 1.2~4.5 m ↔ 1.2~3 m

何首乌

扛板归

俄罗斯藤蔓

　　长势极快的藤蔓植物，长有淡绿色叶子和蓬松的嫩粉色花朵，花期从仲夏至仲秋。

土壤和环境：喜欢排水良好的土壤，喜欢充足的阳光，也喜欢斑驳的阴影。

设计要点：如果你想快速遮挡不雅观的建筑或边界，这就是最棒的答案。

↑ 12 m　↔ 12~18 m

三色牵牛

牵牛花

　　半耐寒一年生植物，叶片表面覆有一层淡色物质，开有蓝色、红色或淡紫色的钟形花朵，花期从仲夏至初秋。乍一看，这种花有点像红花菜豆。

土壤和环境：喜欢阳光充足的大部分土壤。

设计要点：它是旧时传统乡村庭院的最爱。披挂在棚屋或其他建筑上的牵牛花最为美观。

↑ 2.4~3 m　↔ 2.4~3 m

山黧豆

香豌豆

　　纤弱的藤蔓植物（有很多品种），开有芳香、蝴蝶状的美丽花朵，花期从仲夏至仲春。

土壤和环境：喜欢排水良好、光照充足的土壤。

设计要点：山黧豆外观十分纤弱，但很耐寒，非常适合园艺初学者。如果你在设计农舍庭院，或想装饰城镇庭院中的墙壁，山黧豆是个很不错的选择。

↑ 1.8~2.4 m　↔ 1.8~2.4 m

西番莲

蓝花西番莲

　　落叶性藤蔓植物，从夏天至秋天开有极为惊艳的花朵，之后结出橙黄色、鸡蛋大小的水果。

土壤和环境：喜欢排水良好、光照充足的土壤。

设计要点：这种迷人的植物，其果实就像大的橙色鸡蛋，花朵只在晴朗的天气里朝向太阳盛开。

↑ 3~9 m　↔ 1.5~9 m

络石

星芒茉莉

　　生机蓬勃的耐寒藤蔓植物，长有深绿色叶子，从仲夏至暮夏开有精致的白色星形花朵。

土壤和环境：喜欢排水良好、光照充足的土壤，不过也可以在斑驳的阴影环境中生存。

设计要点：花朵不太大，不过很香，这种藤蔓植物的绿叶尤为茂盛，非常适合装饰凉亭或藤架。

↑ 1.2~1.5 m　↔ 1.2~1.8 m

其他藤蔓植物

- **杂交凌霄花（喇叭藤）：**生机蓬勃的藤蔓植物，开有喇叭状的橙红色花朵，从夏天开到秋天。

- **忍冬（金银花/野生忍冬）：**长有很多叶子、开有嫩黄色花朵的藤蔓植物，放任其生长时，最为美观，尤其适合农舍庭院。

- **爬墙虎（波士顿常春藤）：**叶子茂密的灌木，叶子颜色会逐渐变深，在秋天变成红紫色。如果你想遮挡难看的墙壁，这就是不错的选择。

- **旱金莲（藤蔓旱金莲）：**一年生植物，长有绿色叶子，开有罂粟花状的橙色花朵，就像普通的旱金莲。如果你想很快看到花朵，这种植物非常适合种植。

- **紫藤（中国紫藤）：**生机蓬勃的藤蔓植物，悬挂的枝条上开满鲜艳的蓝紫色花朵。这种植物需要种植很久，不过一旦种好能存活很长时间。

多年生草本植物

"草本"是什么意思?

多年生草本植物是指所有绿色的非木质植物，每年都会发芽。这种植物的根茎会存活很长时间，它们的茎叶每年都会掉落。多年生草本植物每年春天都会破土而出，一篇葱绿，暮春、夏天或初秋开花，一年中往往会一直繁殖，直到秋天枯萎。这种植物几乎是坚不可摧的，往往也不招害虫，是物有所值、相对容易打理的植物。

多年生草本植物设计景观

多年生草本植物一般种在花坛中，周围有墙壁和栅栏作为背景，当然这类植物也长得不错，不过也不是说它们不应该种在中央花圃、花盆、林地边上或任何你喜欢的地方。更好的是，你可以让这些植物年复一年地生长，不必在季末过多地修剪。约四年之后，将它们挖出来，扔掉像木头一样硬的中间部分，将周围其余的根须砍成一截一截再种下，让它们重新生长。从设计的角度来看，窍门是要了解其规模和颜色。看一看展示庭院，这样你就知道自己所选的植物将来会长成什么样子。

露台多年生草本植物

多年生草本植物种在露台上、阳台上和屋顶花院上非常美观。你只需要选择小型、耐寒的植物，将其放在较大的桶中，这样每个桶就变成了展示园景，让它们在桶里生长 2～3 年，直到它们长满，然后将其挖出来，然后分开，再重复这个循环。

适合露台、平台或屋顶庭院的低成本大型装饰植物。

蓍草

欧蓍草

长有蕨状叶子的耐寒植物，从初夏绽放暮夏开出大束黄色、雏菊状花朵。

土壤和环境: 喜欢光照充足的贫瘠土壤。

设计要点: 非常适合假山、干石堆庭院。如果地面铺有灰色粗砂或洗过的压碎贝壳，与蓍草的花朵和绿叶非常适合。

 30 cm ↔ 30 cm

六出花
"金羽冠"

秘鲁百合

纤弱、稍柔软的多年生草本植物，在仲夏绽放一束束异国风情、虎纹的亮橙色百合状花朵。

土壤和环境: 喜欢排水良好但湿润的土壤，适应任何环境，从光照充足到斑驳阴影；不要有裸露地面。

设计要点: 如果想打造出茂盛、丰富的庭院，将此一列列种植，最为美观。如果种在露台庭院中也是不错的景观，这样就可以靠近一点观赏。

↕ 60～90 cm ↔ 30～60 cm

宽边玉簪

玉簪

百合车前草

玉簪花

来自日本的耐寒植物，长有黄绿色叶子，开有白色小花，其绿叶尤为茂盛。

土壤和环境: 喜欢排水良好的湿润土壤，喜欢斑驳阴影或全阴环境。

设计要点: 最适合种植在林地边缘遮阴的花坛中，非常适合日式庭院。缺点是这种植物很吸引蛞蝓，它们会在叶片上咬出很多洞。

↕ 30～60 cm ↔ 60～90 cm

玉蝉花
"黎明前"

　　耐寒且高的玉蝉花，暮春开出繁多的深紫色花朵，长有繁茂的绿叶，非常苍翠，也有很多其他品种。

土壤和环境： 喜欢排水良好的湿润土壤，喜欢斑驳阳光的环境。

设计要点： 玉蝉花非常适合种植在潮湿的花坛和池塘周围，也就是说土壤要浸满水。不过，有些玉蝉花的根泡在水中才能茁壮成长。虽然花期很短，但很壮观。

↕ 60~90 cm　↔ 30~60 cm

管蜂香草
"剑桥红"
香蜂草

　　耐寒的多年生草本植物，长有淡绿色叶子，从仲夏至暮夏开出尖尖的红色花朵。

土壤和环境： 喜欢排水良好但潮湿的土壤，喜欢光照充足到斑驳阴影的环境。

设计要点： 非常漂亮的植物，叶子压碎后会很香。这很适合种在露台花坛和座位区周围，也可以种在香气扑鼻的庭院中。

↕ 30~60 cm　↔ 30~60 cm

芍药
牡丹

　　耐寒的多叶植物，开有尤其迷人的单瓣花和重瓣花，颜色有白色、橙红色、深红色、玫瑰红。所有品种的花期都是从初夏到仲夏。

土壤和环境： 喜欢排水良好的潮湿土壤，喜欢光照充足、斑驳阴影的遮阴环境。

设计要点： 在花坛中大面积种植尤其美观，是开放性花坛和林地边缘的经典选择。这种植物在日本非常受欢迎，在日式庭院中占有一席之地。

↕ 30~90 cm　↔ 30~60 cm

鼠尾草
土耳其鼠尾草
南欧丹参

　　耐寒的多年生草本植物，在仲夏开有尖尖的白色和紫色花朵。

土壤和环境： 喜欢排水良好但湿润的土壤和光照充足、斑驳阴影的环境。

设计要点： 虽然这种植物非常美观，年复一年地生长着，但有些人不喜欢它的气味。

↕ 0.9~1.2 m　↔ 60~90 cm

其他多年生草本植物

- **黄花葱（黄花蒜）：** 长有条状叶子的耐寒植物，开有一束束的黄色星状花朵。会快速长成结实的足球大小的块状，非常适合种在新庭院中。

- **假升麻（山羊胡须）：** 耐寒植物，在初夏开出顶部散开的乳白色花朵。

- **岩白菜（大象的耳朵）：** 耐寒植物，长有坚韧如皮革的绿叶，开有头部下垂的钟状粉色花朵。过去非常受欢迎，可以随处生长，外观美丽。

- **铃兰（山谷百合）：** 耐寒植物，长有垂直的绿叶，开有精致的白色钟状花朵。最适合种在窗下的花坛中，适合围绕乔木种植，也适合种在路边。它不用过多打理也能生长良好的植物。

- **旋果蚊草子（绣线菊）：** 非常普遍的耐寒植物，深绿色的叶子非常繁茂，乳白色的蓬松花朵闻起来像是杏仁。非常适合种在沼泽庭院外缘，也可种在林地边缘。

- **黄花菜（萱草）：** 耐寒植物，叶子成条状，花朵是橙色的星状。你只需要挖个坑，任其自由生长。在温暖的傍晚，它会散发出迷人香甜的金银花气味。

- **天蓝绣球（福禄考/草本夹竹桃）：** 耐寒植物，枝茎垂直生长，长有绿叶，开有粉紫色花朵。若一片片种植在路边，沿着林地边缘种植，或种在狭窄的花坛或露台周围，都非常美观。

- **绵毛水苏（羊耳朵/羊舌头）：** 半耐寒植物，叶子上长有银丝，很有特点。仲夏时会开出紫色花朵。

- **金莲花：** 耐寒喜湿植物，暮春至初夏开出金凤花模样的大花朵。

花圃植物

**"花圃"是
什么意思?**

"花圃植物"指秋季种植会在次年春天开花的植物,然后暮春时将其移除,再种下夏天开花的植物。虽然可以在花坛中种植符合该生长习性的任何植物,但这类植物通常可分为两组:春天开花的二年生和多年生鳞茎植物,还有夏季开花的一年生植物和柔软的多年生植物。

花圃植物作为设计景观

花圃种植工序一般极为复杂,花圃有各种形状,种植的植物图案和植物颜色也各有不同,可以种成非常简单的几何图形,比如圆形或椭圆形,也可以让花圃的形态自由发展,植物随意组合,而不是构成规则的图案。植物可以选鳞茎、二年生植物、多年生植物、一年生植物,随你喜欢。其中的窍门就是要选择高度和蔓延度合适的植物,这样种出来的花圃就会很紧凑,不会留有缝隙。参观专门打造规则花圃的展示庭院,参观擅长打造规则图案的公园,根据植物的颜色、形状和品种记录要点。

打造阳台花圃

在阳台上打造花圃很漂亮。只需选择种植小花圃需要的植物,然后将其种在吊篮、窗台长花盆和桶中。可以在阳台边缘种植亮红色的香叶天竺葵、草甸排草等。

一个美丽、迷人的阳台花圃,可以令路人心旷神怡。

一丈红
蜀葵

蜀葵也叫戎葵,这种耐寒多年生植物通常是二年生的,偶尔会是一年生。从仲夏至暮夏,它长出高高的茎,开出黄色、粉色、红色和白色的花朵,有些是重瓣花。

土壤和环境: 喜欢肥沃、持水性好的土壤,喜欢遮阴的环境。

设计要点: 非常适合遮挡难看的墙壁或栅栏木板。

↕ 1.5~1.8 m ↔ 45~60 cm

金鱼草
龙口花

夏季开花的植物,开有喇叭状或鼻子形状的花。孩子们喜欢用这种花做手指布偶。

土壤和环境: 喜欢排水良好的潮湿土壤,最喜欢光照充足但有遮阴的环境。

设计要点: 花朵从夏天一直开到初秋,有适合各类环境的品种:袖珍型、中等大小和高的。如果你喜欢粉红色,这就是不错的选择。

↕ 30~90 cm ↔ 30~60 cm

雏菊
小雏菊

耐寒的二年生植物,花期从初春至秋天,有白色、深红色、粉色或樱桃粉色的花朵。

土壤和环境: 喜欢排水良好的潮湿土壤,喜欢有遮阴的环境,可以是光照充足,也可以是有斑驳的阴影。

设计要点: 如果你想种生命力旺盛的鲜艳花朵以消除缝隙的小花朵,那么小雏菊就能够很好地填充缝隙。

↕ 5~10 cm ↔ 7.5~10 cm

彩钟花

风铃草

耐寒的二年生植物，竖直的茎上开有白色、粉色、蓝色或紫色的钟状花朵，花期为暮春至仲夏。

土壤和花坛：喜欢中等肥沃、排水良好、光照充足的土壤环境。

设计要点：有很多品种，非常适合农舍庭院。

↕ 38~90 cm ↔ 23~30 cm

凤仙花

耐寒或纤弱的一年生植物，取决于品种。常见的凤仙花颜色有深红色、红色、橙红色、淡紫色、紫色和白色。花期为初夏至仲夏。

土壤和环境：喜欢贫瘠多沙、光照充足的土壤环境。

设计要点：由于凤仙花在一两个世纪以前颇受欢迎，现在主要让花朵垂下来，来打造梦幻的旧式风情，而不是构成某种图案。

↕ 30~60 cm ↔ 30 cm

矮牵牛花

半耐寒的一年生植物，开有紧凑的喇叭状花朵，颜色和大小各异。

土壤和环境：喜欢排水良好的潮湿土壤，喜欢晴朗、有遮阴的环境。

设计要点：矮牵牛花非常艳丽，非常适合夏季花圃，也是传统农舍庭院的不二之选。

↕ 30 cm ↔ 30 cm

万寿菊

孔雀草

半耐寒的一年生植物，开有鲜艳的褶边球形黄橙色花朵，花期为夏季至秋季。其大小和颜色各异，大多是黄色和橙色。

土壤和环境：喜欢排水良好、湿润、稍微贫瘠的土壤，喜欢光照充足的环境。

设计要点：品种很多，非常适合种在花圃中。

↕ 20~90 cm ↔ 30~90 cm

其他花圃植物

- **蔓金鱼草"维多利亚瀑布"：**半耐寒夏季花坛植物，开有繁茂的紫色长喇叭花。蔓延度：60cm。

- **海棠花"杂交斯塔拉"（四季秋海棠/蛤蜊秋海棠）：**半耐寒的夏季花圃植物，开有白色的粉红色和深红色花朵。高度：30cm。蔓延度：30cm。

- **阿魏叶鬼针草"黄金眼"：**半耐寒的夏季花圃植物，开有黄色星状花朵，叶子像蕨类植物。高度：可长到30cm。蔓延度：卷曲生长。

- **高山糖芥（高山桂竹香）：**耐寒的春季花圃植物，开有大量的黄色和紫色花朵。高度：可长至15cm。蔓延度：15cm。

- **桂竹香（桂竹香/英国桂竹香）：**耐寒的春季花圃植物，花朵颜色有橙色、红色和粉红色。高度：可长至30cm。蔓延度：20cm。

- **银扇草（合田草/银草）：**耐寒的二年生植物，开有芳香的紫色花朵，花期为暮春至初夏，然后结出漂亮的种荚。高度：可长至90cm。蔓延度：可至30cm。

- **勿忘草（勿忘我）：**耐寒的春季花圃植物，开有独特的影青色花朵，能开成一大片蓝色花海。高度：可长至30cm。蔓延度：15cm。

- **西洋报春花（西洋樱草）：**耐寒的春季花坛植物，花朵颜色有深红色、蓝色、粉红、黄色、白色和奶油色。高度和蔓延度：较多变。

- **堇菜"普遍的杂交柑橘"（三色堇）：**耐寒的夏季花圃植物，花朵有橙色、黄色或白色、紫罗兰色。高度：可长至20cm。蔓延度：25cm。

- **百日菊（百日草）：**半耐寒的夏季花圃植物，花色有白色、紫色、黄色、橙色、红色和粉色。高度：可长至90cm。蔓延度：60cm。

一年生植物和二年生植物

两者有何区别?

一年生植物指的是一个季节完成整个生命周期的植物，二年生植物是生命周期为二年的植物。不过请记住，这主要取决于植物生长的具体品种和气候。比如，嫩苗在温暖的环境中会较容易长成多年生植物，但在寒冷的区域可能就是当一年生植物种植。有些一年生植物往往会自己播种，一年又一年地出现在庭院中。

一年生植物和二年生植物设计景观

对于初学庭院设计的人来说，有个经常出现的大问题——如果一年生植物在一年内成熟，二年生植物在二年内成熟，那么有无可能在同一年内将荒芜的庭院打造成色彩缤纷的庭院？我可以迅速回答你，"是的，可以做到。"

比如说在暮夏或初秋开始种植，你可以买精选的盆栽二年生植物，马上种下。然后，在次年暮春或初夏，你可以播种半耐寒的一年生植物，比如天蓝绣球、紫苑和金盏花。这样，最后暮夏时，12个月时间以内，原先赤裸裸的庭院里就会有开花的一年生植物和二年生植物。

移动式种植

如果在小空间里种植，比如阳台，而且实在搞不清楚"耐寒"和"半耐寒"这些术语，那就在移动式容器中种植一年生植物和二年生植物，比如花盆、花篮、桶中，然后再决定把它们搬进屋里还是搬出去。

可以完美结合色彩和形态。

蓝花琉璃繁缕
蓝繁缕

半耐寒一年生植物，密集生长，夏季开有蓝色花朵。仲春时在室外播种，每年夏天同一时间开花。

土壤和环境：喜欢排水良好的潮湿土壤，喜光照充足、有遮阴的环境。

设计要点：这种植物很美，是因为其花朵会随着太阳开启和闭合。这样说来，一定要将它们种在空旷、光照充足的环境里。

↕ 15~25 cm ↔ 15~25 cm

曼陀罗
"夕颜"
大喇叭花
毛苹果

多年生植物，通常被视作半耐寒的一年生植物，白色、淡紫色花朵呈大喇叭状。春天在温室中播种，初夏时种到户外，仲夏和暮夏开花。

土壤和环境：喜欢排水良好、潮湿的轻质土，喜欢光照充足的环境。

设计要点：这种花是传统花坛植物的好选择，作为园景种在花坛或花盆中也很漂亮。

↕ 0.9~1.2 m ↔ 60~90 cm

花菱草

耐寒的一年生植物，叶子为蓝绿色，从初夏至暮夏开出大量鲜艳的橙黄色花朵。现在花色有猩红色、深红色、粉红色、橙色、黄色、白色和红色。

土壤和环境：喜欢排水良好、贫瘠的轻质土，喜欢光照充足的环境。

设计要点：这些花很鲜艳，且占有主导地位，非常适合不规则设计。

↕ 30~38 cm ↔ 15~23 cm

勿忘草
勿忘我

耐寒的二年生植物，开有大片影青色花朵。适宜在初春或秋天播种，次年春天开花。

土壤和环境：喜欢排水良好、潮湿的土壤，最喜欢光照充足但有遮阴的环境。

设计要点：虽然勿忘草种在花坛中和林地边缘很漂亮，但勿忘草也很适合种在岩石庭院和花盆中。

↕ 30 cm　↔ 15 cm

花烟草
"阿瓦隆淡黄紫双色"
烟草

半耐寒的一年生植物，开有紧凑的淡黄色和紫色星形大花朵。暮冬至初春时在温室中播种，暮春时种到室外。

土壤和环境：喜欢排水良好、潮湿的土壤，适合种在光照充足的花圃中。

设计要点：虽然这种植物很适合大花圃和花坛，但也很适合种在花盆中。适合"热带"庭院。

↕ 20~30 cm　↔ 20~30 cm

矮牵牛花
"棱镜阳光"

半耐寒一年生植物，开有漂亮的钟状或喇叭状黄绿色和乳白色花朵。暮冬时在温室中播种，初夏时种到室外。

土壤和环境：喜欢排水良好、潮湿的土壤，喜欢光照充足的环境。

设计要点：这种植物品种很多，可以随处种，如种在花圃、容器和花盆中，也可以种在温室、吊篮和窗台长花盆中。有很多不同颜色和质地的品种。

↕ 20~30 cm　↔ 30~60 cm

西洋报春花
欧洲樱草

耐寒的二年生植物，春天开有黄色、乳白色、粉红色或深红色的花朵。暮春或初夏播种，暮夏或初秋种到室外，次年春天开花。

土壤和环境：喜欢排水良好、稍微沙质的土壤，喜欢光照充足或斑驳阴影的环境。

设计要点：有各种形状和大小的西洋报春花。樱草和黄花九轮草需要大量日照，尤其是种到森林附近时。

↕ 15~25 cm　↔ 15~25 cm

其他一年生植物和二年生植物

- **紫花蕾香蓟（绒花/猫腥草）：**半耐寒的一年生植物，开有蓝花。该植物有很多品种，颜色十分丰富。

- **蔓金鱼草"维多利亚瀑布"：**半耐寒夏季花坛植物，开有繁茂的紫色长喇叭花。可以蔓延60cm。

- **花环菊（一年生菊花/三色菊）：**又名三色菊，这种耐寒一年生植物开有雏菊状大花朵，色彩对比鲜明。

- **须苞石竹（美洲石竹）：**夏季开花的耐寒二年生植物，开有一簇簇精美的雏菊状花朵，颜色从粉色到猩红色不一。虽然严格来说这是多年生植物，不过最好是当作二年生植物种植，每年播种繁殖。

- **洋地黄：**二年生植物，开有精美的粉紫色嵌环状花朵，是极好的花坛植物，适合种在遮阴处及林地边缘。

- **蓝蓟（蛇花）：**耐寒的二年生植物，开有紫罗兰色的高穗花朵。这种植物非常适合种植于海边庭院或树丛低矮的边缘角落。

- **南美天芥菜（樱桃派/天芥菜）：**半耐寒多年生植物，不过总是被当作半耐寒的一年生植物种植。开有芳香的勿忘草状的花朵，颜色有深紫色、淡紫色、白色。

- **银扇草（合田草/银草）：**耐寒的二年生植物，开有紫色花朵，结有银色的种荚。干种荚非常适合作为冬季装饰品。

- **马蹄纹天竺葵（阳台/大陆天竺葵）：**半耐寒的一年生植物，花朵垂下枝头，一簇簇开放。

- **毛蕊花（亚伦的杖）：**耐寒的二年生植物，大簇银白色的叶子顶部开有细尖的黄色花穗。这种植物多野生。

岩生、碎石和沙漠植物

是什么类型的植物?

岩石、碎石堆和沙漠是岩石山坡、碎石堆斜坡和荒漠的简称。岩生、碎石和沙漠植物或多或少是为了适应这种严酷的环境,土壤差不多都是石块、粗砂和沙子,天气极其潮湿、干燥、炎热或严寒,并在其中茁壮成长。因为这种特质,它们更加适合环境严酷的角落。

岩生、碎石和沙漠植物设计景观

虽然每种植物都需要不同的土壤和水环境,比如植物需要快速排水、长期缺水等,不过他们都可以在岩石、沙子、碎石环境中生长。不用设计成需要大量水、肥沃土壤、花坛植物等的传统庭院,还能尝试只需"少量维护工作的干燥园艺",园艺设计师可能会因此非常兴奋。有些设计师还将岩石、碎石和沙漠庭院视作在气候急剧变化环境中打造别具一格的庭院的不错方式,其灵感可来源于大自然中的岩石峡谷、砾石场之类的地方,这些地方的植物生长环境最为严酷。

风蚀木材

如果你想更进一步,将干燥岩石的主题再扩展一下,你可以放弃形象的雕塑,打造完全自然风蚀的效果。风蚀木材尤其适合放置在岩石、沙子和碎石的环境中。

一个包含回收雕塑的干燥庭院。

金边礼美龙舌兰
龙舌兰

特色肉质植物,有长长的花穗,高4.5~6m。有些品种只在成熟期开花,然后凋谢。

土壤和环境: 喜欢排水极好、贫瘠的疏松土壤,喜欢光照充足的干旱环境。

设计要点: 这种植物广为种植,主要是因为其异域"沙漠"外观,尤其适合干燥的院子、露台庭院或地中海式庭院。

↕ 0.9~1.8 m ↔ 1.8~2.7 m

艾蒿
艾草
青蒿
苦艾

耐寒的灌木,叶片呈银灰色,开有黄色小花朵。

土壤和环境: 喜欢排水极好的土壤,喜欢光照充足的干燥环境。

设计要点: 尽管这种植物比其他"干旱"植物需要更多水分,但它还是属于"干旱"植物。如果你想打造干燥、灰色调的多沙、石块和褪色木材的庭院,那么这就是不错的选择。

↕ 30~90 cm ↔ 30~90 cm

岩生庭芥
金篮子

耐寒的常绿灌木,叶片呈灰绿色,开有一簇簇黄色花朵,花期从仲春至初夏。

土壤和环境: 喜欢排水极好的土壤,喜欢光照充足的干燥环境。

设计要点: 这种植物与银灰色的干燥沙子或碎石主题庭院极为相称。

↕ 20~25 cm ↔ 30~60 cm

刺芹

海滨刺芹

耐寒、茂盛的蓟状草本多年生植物，花朵是蓝色的头状花序，4.5m长。

土壤和环境： 喜欢排水极好的贫瘠土壤，喜欢光照极为充足的干燥环境。

设计要点： 种在干燥的沙子或碎石环境中极为惊艳，它大受欢迎主要是因为其颜色和质地，而非其他，尤其适合干燥的院子、干燥的露台庭院或干燥的地中海式庭院。

↑ 0.9~1.8 m ↔ 1.8~2.7 m

刺柏

杜松

耐寒的常绿乔木或灌木，非常紧凑，生长缓慢，长有一穗穗鳞片状的小叶子。

土壤和环境： 喜欢排水良好、贫瘠的白垩质土壤，喜欢光照充足的干燥环境。

设计要点： 这种植物生长缓慢，非常适合干燥的岩石、碎石或沙质的花园、地中海式、大型假山或高山主题庭院。品种繁多，有些笔直，有些较矮、蔓延度较宽。

↑ 0.9~1.2 m ↔ 30~90 cm

梨果仙人掌

仙人掌
刺梨仙人掌

异域肉质植物，枝节顶端开有嫩黄色、橙色或红色花朵。果实呈梨状。

土壤和环境： 喜欢排水极好、贫瘠的疏松土壤——1/2的沙壤土、1/4的碎砖、1/4的细沙，喜欢光照极充足的干燥环境。要等到土壤很干、积满灰以后才可以浇水。

设计要点： 非常适合蛮荒西部主题庭院——沙子、干旱的鼠尾草、石块和极为干热的环境。

↑ 0.9~1.8 m ↔ 1.8~2.7 m

"蓝塔"分药花

蓝色鼠尾草

耐寒的落叶灌木，长有淡灰色、柔软的茂密叶子，暮夏开有蓝紫色花朵。

土壤和环境： 喜欢排水极好的普通或贫瘠土壤，喜欢光照充足的干燥环境。

设计要点： 虽然可以将其修剪成形，不过最好允许它自然生长，几近半疯长。如果你想打造银灰色的背景，那种植物非常适合种在干燥庭院的边界。

↑ 0.9~1.2 m ↔ 0.9~1.2 m

毛边丝兰

亚当的针

常绿植物，长有短叶茎、长条状的叶子，长长的茎秆上开有小白花或乳白色花朵，花期从仲夏至暮夏。品种繁多，有亚热带丝兰，也有沙漠丝兰。

土壤和环境： 喜欢排水极好、贫瘠的疏松沙质土壤，喜欢光照充足的干燥环境。

设计要点： 非常适合干燥庭院或地中海式庭院。

↑ 0.9~1.8 m ↔ 0.9~1.5 m

其他岩生、碎石和沙漠植物

- **紫菀：** 耐寒的多年生植物，长有针叶型小叶子，开有大量的紫色雏菊状花朵。可以适应贫瘠、干旱、排水良好的土壤。可长至0.9~1.5m高。

- **南欧紫荆（犹大树）：** 耐寒植物，可以当作单树干的乔木或单薄的灌木。叶片呈肾形、蓝绿色，开有粉色球状小花朵。喜欢贫瘠的土壤，喜欢阳光充足的干燥环境，非常适合地中海式庭院。可当作低矮的灌木丛，可长至7.5m甚至更高。

- **牛至：** 耐寒植物，开有大片粉紫色花朵，长有一簇簇常绿而芳香的叶子。喜欢阳光充足的干燥环境。

- **鼠尾草（南欧丹参）：** 短暂的多年生或二年生植物，散发出一种强烈的、略难闻的气味（见P63），喜欢光照充足的干燥环境。

水生植物

如何选择水生植物？

对于每种潮湿和不同的水环境，都有与之相适应的植物。从庭院周围往池塘中心，需要水边植物补充和遮挡池塘，需要在水边潮湿的地面上种植湿生植物，浅滩上种植水性植物或边缘植物，池塘各个深度要种植叶游植物和深水植物，水生植物漂在水面，或完全或部分沉入水中。

水景庭院植物设计景观

水景庭院植物就是喜欢在水中或水边生长的植物。如果想打造天然池塘、草地小溪、山涧小溪，这就是非常适合的植物。水生植物可以设计成各种图案，它们的需求也非常特别。尽管你可以随自己心意选择想要的植物品种，但考虑到它们如何融入到水景设计中，可选的植物也就没那么多了。要知道买能够适应池塘直径和深度的植物非常重要，先买一两种特色植物是个不错的选择，然后等它们扎根，在这一两种植物之间种几种其他的植物填补空隙。

鸢尾花的乐趣

如果你喜欢水景庭院，你或许会跟大部分人一样，在庭院里种满鸢尾花，因为它与周围环境相得益彰。

一位诗人曾经说过，鸢尾花"有三种形态——美丽的，美丽的，更加美丽的"。

花叶菖蒲
白菖蒲

耐寒的草本水生植物，长叶似剑，夏季开有黄色的小花朵。

土壤和环境： 喜欢生长在泳池边的浅水中，喜欢阳光和遮阴混合的环境。

设计要点： 尤其适合种在荒野型的池塘中，可以跟鸢尾花、柳树和灯心草种在一起。

↕ 30~90 cm ↔ 60~90 cm

落新妇
山羊胡须

耐寒的草本多年生植物，长有绿色叶子，高而尖的花茎上开有大片的粉紫色花朵，花期为仲夏至暮夏。还有很多其他品种可选，色彩和高度各异。

土壤和环境： 喜欢潮湿、深层壤质土，喜欢光照充足或遮阴的环境。

设计要点： 非常适合沼泽庭院，尤其适合大型天然池塘和遮阴林地的边缘。

↕ 0.9~1.8 m ↔ 0.9~1.2 m

莎草
轮伞莎草
伞草

纤弱的多年生植物，高高的茎上长有细长的草一样的叶子，就像伞骨一样。

土壤和环境： 喜欢深层肥沃的潮湿壤质土，喜欢温暖、光照充足的水边。

设计要点： 非常适合种在池塘、缓缓流淌的小溪的沼泽地中，能令人想起埃及的景象与风采。

↕ 60~90 cm ↔ 60~90 cm

凤眼蓝

水葫芦

　　水生植物，长有圆形光滑的叶子，在恰当的环境中能开出淡蓝色花朵，类似风信子。

土壤和环境： 喜欢漂在水面，长长的根扎在池塘底部的泥里。喜欢温暖和光照充足的环境。

设计要点： 尽管这种植物很适合种在池塘中，但也有可能因为生长迅速而失控。即便如此，池塘上漂浮着一丛水葫芦还是很美观的。

↕ 15~23 cm ↔ 不限

波缘玉簪

百合车前草
玉簪

　　耐寒的多年生草本植物，叶子较斑驳，长长的茎上开有乳白色花朵。

土壤和环境： 喜欢深层、肥沃的潮湿壤质土，喜欢温暖、遮阴的环境。

设计要点： 适合种在往沼泽庭院延伸的区域，潮湿但不太湿。种在乔木林前面尤其漂亮，也很适合种在日式水景庭院中。

↕ 60~90 cm ↔ 60~90 cm

睡莲

荷花

　　耐寒的水生植物，叶子漂浮在水面上，开有美丽的多彩花。睡莲有数百种品种可选，池塘各种水深都有适合的植物。

土壤和环境： 喜欢深层、肥沃的潮湿壤质土，根部以上水深至少38cm，必须光照充足。最适合种在约60cm深的大池塘中。

设计要点： 这种植物是水景庭院不可缺少的植物。

↕ 25~30 cm ↔ 60~90 cm

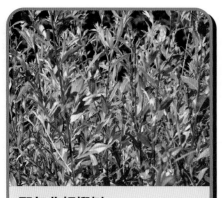

耶尔弗顿柳树

柳树

　　落叶树或灌木，长有灰绿色的柔软叶子和淡红色的茎。如果想培养新植株，只需剪下铅笔长的成熟枝条，将其插到地里。

土壤和环境： 喜欢潮湿的壤质土，喜欢靠近水边、温暖、光照充足的环境。也可以在涝地里生存，不过不喜欢渍水土壤。

设计要点： 如果你想打造天然池塘，可以在池塘四周种一两株柳树。这种植物最适合剪短，根部就能发出新枝条。

↕ 1.2~1.5 m ↔ 1.2~1.5 m

马蹄莲

白星海芋
水芋

　　漂亮的多年生草本植物，长有箭头状的大叶片，开有包裹式的乳白色大花朵。

土壤和环境： 喜欢深层、肥沃的微湿至潮湿壤质土，喜欢温暖、光照充足的环境。

设计要点： 非常适合沼泽庭院，比如池塘里的水流入沼泽种植区域。甚至也可种在水边，根部扎在水中。这种植物非常漂亮，尤其会打造出异域、繁茂的效果。

↕ 60~90 cm ↔ 60~90 cm

其他水生植物

· **照仙苔满江红（满江红）：** 自由漂浮、快速生长的多年生植物，长有小团肾状叶子，开有小白花，这种植物很快就能覆盖池塘水面。

· **变色鸢尾（蓝鸢尾）：** 笔直的多年生落叶植物，长有绿色叶子，开有蓝紫色花朵。十分适合沼泽庭院。

· **黄睡莲（日本萍蓬草）：** 美丽的多年生植物，心形叶子浮在水面，开有明艳的黄色花朵。非常适合水流缓慢、光照充足的深水池塘。叶子为鱼儿遮阴，也适合藻类植物生长。

· **水毛茛：** 美丽的一年生或二年生植物，长有绿色小叶子，开有黄白色花朵。半浸没在水中，在水面和水下都可以生长，很适合为池塘补氧。

竹子和草

竹子和草同属一科族（竹子是快速生长的热带或亚热带刺竹属草），他们都成群生长，因为其绿叶供人们观赏，而非其花朵，也因为它们成群生长更美观。如果你想打造异域情调的庭院、日式庭院或绿色主题的庭院，竹子和草就非常适合。

竹子和草设计景观

尽管竹子和草适合亚洲主题的庭院，如果你想打造形态和质地良好的凉爽、安静的庭院，而不是特别注重色彩，那么它们就是绝佳的选择。竹子和草一向适合种在露台边缘，喜欢排水良好的土壤环境。

如果你想打造日式庭院、现代冥想庭院或沉思庭院，竹子和草就是最合适的选择。长期以来，东方艺术家、诗人和神秘主义者钟爱竹子和草，当气流漩涡穿过竹子和草，它们轻柔地飘动，发出安静的沙沙声，莫名有种独特的镇定和治愈功效，有利于安静地沉思。

青草设计景观

如果你想在小空间内打造出不需大量维护保养的庭院，在赤陶花盆里和花盆周围种植青草就可以，然后放在石块和砾石的背景中。

由青草和各种地被植物打造而成的优美景色。

芒草
发草
丛生禾草

耐寒的观赏草，高高的金铜色头状花序自簇生的绿叶中显露出来。

土壤和环境：喜欢稍微潮湿的土壤，喜欢光照充足或遮蔽性的环境。

设计要点：这种草非常适合种在水边，也很适合种在露台上，还适合日式庭院，一大片芒草很令人赏心悦目。

↕ 60~90 cm ↔ 60~90 cm

晨光芒
斑叶草

耐寒的观赏草，长有细细的绿色、黄色或银色条纹叶子。

土壤和环境：喜欢深层、潮湿的壤质土，喜欢光照充足或遮蔽性的环境。

设计要点：非常适合种在沼泽庭院的边缘，尤其适合长满了小乔木的沼泽庭院。

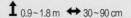
↕ 0.9~1.8 m ↔ 30~90 cm

花叶芒

耐寒的观赏草，长有细细的绿色、黄色或银色条纹叶子。

土壤和环境：喜欢深层、潮湿的壤质土，喜欢光照充足或遮蔽性的环境。

设计要点：非常适合种在沼泽庭院的边缘，尤其适合种在红砖墙前，是打造日式庭院的不错选择。

↕ 0.9~1.8 m ↔ 30~90 cm

狼尾草

狗尾草

　　半耐寒的观赏草，长有细细的银灰色叶子。

土壤和环境：喜欢排水良好的土壤，喜欢光照充足的环境。

设计要点：非常适合半干旱庭院，适合种在露台上、花盆里或墙围住的地中海式庭院。紧凑型和长得很高的品种都有。

↑ 0.3~3 m ↔ 30~60 cm

黄槽竹

　　长有杈杈模样、橙黄色枝条和淡绿色叶子的竹子。茎部笔直，拥挤生长。品种繁多。

土壤和环境：喜欢深层的潮湿壤质土，喜欢光照充足或遮蔽性、掩蔽性的环境；非常喜欢水，讨厌冷风。

设计要点：如果你想种一簇中等大小的竹子，那么这就是非常合适的选择，这种植物深受日式庭院设计师的喜欢。

↑ 3~4.5 m ↔ 无限

山白竹

维奇赤竹

　　耐寒的矮竹子，长有细长紫绿色藤条。

土壤和环境：喜欢深层的潮湿土壤，喜欢光照充足或遮蔽性的环境。

设计要点：如果你想种不太高的竹子，这就是不错的选择。长叶子和紫色的藤，搭配青草和干旱的庭院植物，相得益彰。

↑ 0.9~1.5 m ↔ 无限

细茎针茅

细茎针茅

　　耐寒的观赏草，长有细长的绿叶和羽毛状头状花序。

土壤和环境：喜欢排水良好的土壤，喜欢光照充足或遮蔽性的环境。

设计要点：非常适合荒野庭院、露台庭院或花盆中，适合充当小池塘的背景，不管你想种在哪里，都可以打造出美丽的外观。微风吹来，细茎针茅飘荡，尤其漂亮。

↑ 60~90 cm ↔ 30~90 cm

灯心草

红草

　　耐寒的观赏草，长有细长的绿色、红色或橙色条纹叶子。

土壤和环境：喜欢排水良好的土壤，喜欢光照充足或遮蔽性的环境。

设计要点：如果你想种草，同时又想让庭院中多点色彩以中和单调的黄色和绿色，那么灯心草就是非常好的选择。将这种草种在木片或腐叶土护根上会非常美观。

↑ 30~60 cm ↔ 30~60 cm

其他竹子和草

- **薏苡（耶稣的眼泪/约伯的眼泪）：**半耐寒草，叶子呈矛形。非常适合排水良好但潮湿的光照充足的环境。

- **蒲苇：**多年生常绿草，叶片很细长，木质茎上开有茸茸的羽毛状花朵。这种植物种在大花盆或桶中非常美观。

- **金知风草：**耐寒草，低矮、层叠生长，带有狭窄、斑驳的叶子。非常适合种在露台周围低矮的花坛中，也可成为日式庭院的小细节。

- **花秆苦竹（金发竹）：**耐寒、矮生的竹子，适合盆栽庭院。

- **紫竹（黑茎竹）：**耐寒的常绿竹子，长有绿色细茎，2~3年内会变成黑色。带有异域风情，非常适合日式庭院。

盆栽植物

也许你想要享受园艺工作的乐趣，但只有一个阳台、后院、露台、烧烤区、屋顶花园、窗台或前门阶供你设计，那你可以在各种容器中种植，比如马克杯、水桶、箱子、铁筒、旧茶壶、锡盆和动物的食槽，然后把它们放在能晒到太阳的地方，至少一天中能晒一会儿太阳。将植物搭配不同的容器就是你需要设计的地方。

盆栽植物设计景观

如果植物长得足够紧凑，容器也足够大，几乎所有植物都可以种在容器中，因此整个设计主题也都是围绕植物和容器展开的。从设计师的角度看，从小花瓶到石水槽，几乎任何容器都可用来种植。除了容器的真正外观，包括它的形状、颜色、大小和质地，设计师可以利用容器种植改变空间。前一刻，庭院还只是个普通的小庭院，下一刻到处都是盆栽植物，包括挂在窗台和墙上的长花盆、用链条和绳子悬挂的、固定到柱子上的、堆在架子上的、一堆堆放在室内的。顷刻之间，庭院变得更大且充满了乐趣。

便携式露台花盆

如果你是租房子或公寓住，只有一个小庭院可以设计，而且想在搬走的时候将植物一起带走，那么就可以将植物种在各种容器中。

大部分植物都种在容器中，随时可以带走。

海石竹
海石竹

耐寒的矮生、簇生常绿植物，开有鲜艳的一簇簇粉色花朵。

土壤和环境： 喜欢排水良好的轻质、沙质土壤，喜欢光照充足的环境。适合种植在沿海地区。

设计要点： 这种植物可以种在阳台上或露台上，尤其适合种在公寓石水槽和岩石状的容器中。非常适合封闭式庭院或地中海式庭院。

↕ 30~60 cm ↔ 蔓延生长

欧洲扇棕
蒲葵

非常漂亮的矮生棕榈树，细长的叶子从多刺的茎秆上成扇形散开，初春开有黄色小花。

土壤和环境： 喜欢含有大量粗砂的疏松土壤。非常适合温暖、有遮阴的沿海地区，但必须浇大量水。

设计要点： 这种植物是干燥的地中海式庭院的不二之选。种在草和竹子旁边非常美观，如果与刷成白色的墙壁相称，会更加美观。需要种在较大的花盆中。

↕ 1.2~1.8 m ↔ 1.2~1.8 m

飞蓬
飞蓬
夏季开星状花的草

耐寒的多年生草本植物，开有淡紫色或深紫色的雏菊状花朵。

土壤和环境： 喜欢排水良好的轻质、沙质土壤，喜欢光照充足的环境。

设计要点： 将这种美观的植物种在低矮的平板柜箱中再合适不过了。非常适合海边庭院。

↕ 30~60 cm ↔ 30~60 cm

杂色菊

勋章菊

半耐寒的多年生菊科植物，夏季会开鲜艳的橙黄色花朵。

土壤和环境：喜欢排水良好的土壤，喜欢光照充足或有遮阴的环境。

设计要点：只要能放在光照充足的地方，就非常适合种在容器中。花朵的颜色非常迷人，十分适合小型的地中海式庭院。

↕ 30 cm ↔ 30 cm

药用鼠尾草

鼠尾草

大量丛生的耐寒植物，其中有些品种可用作厨房调味料，长有小小的绿色叶子，开有亮蓝色的花朵。

土壤和环境：喜欢排水良好的轻质土壤，喜欢光照充足的环境。

设计要点：非常适合盆栽种植，尤其适合小型的农家门廊庭院。

↕ 30~90 cm ↔ 30 cm

景天

丛生的耐寒肉质植物。夏季开有丰满的小黄花，秋天叶子颜色非常漂亮。

土壤和环境：喜欢排水良好的轻质土壤，喜欢光照充足的环境。

设计要点：尤其适合盆栽种植，会长满溢出花盆，植物和花盆融为一体。该植物的各个部分掉下来都会再长出新的植株，比如叶子、根和种子。

↕ 7.5~45 cm ↔ 30~90 cm

苇状针茅

细茎针茅

耐寒的观赏性草，草叶是美丽的金紫色，边缘柔软如羽毛。

土壤和环境：喜欢排水良好的土壤，喜欢光照充足或有遮阴的环境。

设计要点：虽然这种草很特别，生命力比大部分的草都旺盛，且非常适合种在容器中。如果与其他品种的草一起种在露台上，最是美观。

↕ 60~90 cm ↔ 30~90 cm

麝香草

匍枝百里香
百里香

丛生耐寒半灌木及草本植物，有些品种可用作厨房调味料，长有绿色小叶子，开有蓝色石南状花朵。其品种繁多，有柠檬百里香、橙子味的百里香、柿子百里香以及其他品种。

土壤和环境：喜欢排水良好的轻质土壤，喜欢光照充足的环境。

设计要点：非常适合种在后门外的容器中，如果你喜欢做饭，那这种草就再合适不过了。

↕ 30~45 cm ↔ 蔓延生长

其他盆栽植物

· **鳞茎：**冬天、春天和夏天开花的鳞茎都很适合种在容器中，而且很漂亮。

· **藤蔓植物：**铁线莲、山黧豆（香豌豆）及啤酒花（忽布）之类的植物都很适合种在容器中，不过需要些支撑物。

· **蒲苇：**多年生常绿草，叶片很细长，木质茎很高。这种植物需要大花盆，很适合种在大露台上。

· **紫竹（黑茎竹）：**耐寒的常绿植物，绿色的细茎会在 2~3 年内变成黑色，非常具有异域情调。

· **小乔木：**这些乔木非常适合种在较大的容器中，可以选矮小的针叶树和枫树，也可以选全尺寸的乔木，以盆栽植物的种植方式修剪顶部和根部，不让它们长得太大。

· **蔬菜：**土豆、西红柿和莴苣都是不错的选择，非常适合小型的农家庭院。

香草

香草习惯上是用来当作药物、化妆品和厨房用的调味品。本书主要讲的是比较知名、可以安全使用的厨房香草，比如鼠尾草、迷迭香和紫草，还有比较芳香的香草，比如薰衣草。其他香草也有说明，不过只是因其观赏性。注意：如果想将自己不知道的植物泡茶、摩擦、止痛、敷药或其他用途，一定要事先彻底研究清楚。

香草设计景观

如果暂时忽略香草的厨房用途，只关注它们的外观和气味，那么就有很多设计选择。你可以在容器中种植，就在自己触手可及的地方；可以种在传统的庭院中，搭配各种色彩和形态的植物组成图案，在这样有限的空间里你就可以闻到它们的芳香气息；也可以像百里香、薄荷或你喜欢的任何东西那样丛生，有很多选择。不过，虽然香草传统来说是种在专用的小区域内，这样你可以从厨房里跑出来，摘几株新鲜的香草放在煮沸的锅里，这种香草需要一些光照。有很多专门种植香草、售卖植株和相关配件的商店，你可以去店里咨询一下。

自由拿取的新鲜香草

将盆栽香草放在厨房门口是个好主意，既美观、芳香，又能在做饭的时候随时取用。

随手就可以摘到新鲜香草，简直太棒了。

琉璃苣
琉璃花

耐寒、芳香的一年生植物，长有灰绿色叶子，开有亮蓝色的花朵，其叶子及外观都具有观赏价值。

土壤和环境： 喜欢排水良好的土壤，喜欢光照充足、有遮蔽的环境。

设计要点： 琉璃苣与薰衣草、迷迭香之类的香草放在一起非常漂亮，种在荒野庭院中，任其自由生长尤为美观。

 30~60 cm ↔ 30~60 cm

无茎刺苞菊
刺苞菊

耐寒植物，外观像蓟，开有一穗穗球状的紫色大头状花序。这种植物在过去是种重要的香草，不过现在已经不是了。

土壤和环境： 喜欢排水良好的轻质土壤，喜欢光照充足的环境。

设计要点： 尤为适合种植在围墙庭院中。这种植物的高度以及头状花序的美丽外观，是极为漂亮的背景植物。如果种在色彩鲜艳的花圃中，也非常漂亮。

↕ 30~60 cm ↔ 30 cm

茴香
小茴香

耐寒的多年生植物，长长的竹子般的茎上长有柔软如羽毛的绿色叶子。

土壤和环境： 喜欢排水良好的土壤，虽喜欢光照充足、有遮阴的环境，不过大多数环境都可以生长。

设计要点： 茴香不仅是种容易种植的香草，还是一种又高又具有异域风情的美丽植物，外观像是草或竹子。种在围墙庭院中，作为香草花圃的背景非常美观，也很适合种在容器中。

↕ 0.9~1.8 m ↔ 60~90 cm

"希德寇特"薰衣草

薰衣草

　　耐寒的常绿灌木，长有银灰色小叶子，夏天会开有蓝色花朵。这种蓝色非常独特，所以被称作是"薰衣草蓝"。

土壤和环境：喜欢排水良好的沙壤土，喜欢光照充足、有遮阴的环境。

设计要点：薰衣草有很多品种可供选择。

↕ 30~60 cm　↔ 30~60 cm

欧洲没药

香没药

　　耐寒、芳香的多年生草本植物，蕨状叶子，开有大量白色小花朵，结出长长的深棕色果实。

土壤和环境：喜欢任何排水良好的土壤，喜欢光照充足、有遮阴的环境。

设计要点：这种植物任何部位都很香。叶子很香，果实有一股甜香，整株植物有种香味或类似没药的气味。非常适合种在封闭的庭院或盆栽庭院中，种在茴香旁边也很美观。

↕ 0.9~1.2 m　↔ 30~60 cm

迷迭香

海洋之露

　　耐寒的灌木芳香植物，长有细长的叶子，顶部呈绿色有光泽，底下呈绿白色，开有小小的蓝色花朵。

土壤和环境：喜欢排水良好的轻质沙壤土，喜欢光照充足、有遮阴的环境。适合生长在沿海地区。

设计要点：可以将迷迭香修剪得十分紧凑，也可以任其自由生长，长成凹凸不平的灌木。这种植物尤其可以让矮树篱变得很漂亮，也许围绕在香草庭院周围更加漂亮。

↕ 0.6~2.1 m　↔ 0.9~1.2 m

臭草

芸香

香草

　　耐寒的灌木状香草，长有深裂的蓝绿色叶子，夏天顶端开有一束束黄色花朵。

土壤和环境：喜欢排水良好的轻质土壤，喜欢光照充足的环境。

设计要点：这种植物种在哪里都很漂亮，不过尤其适合色彩缤纷的花圃。

↕ 30~90 cm　↔ 30 cm

鼠尾草

南欧丹参

　　耐寒的多年生植物，长有毛茸茸的大叶子，暮夏开有白色的管状蓝花。

土壤和环境：喜欢排水良好的轻质土壤，喜欢光照充足的环境。

设计要点：种在哪儿都很漂亮，比如容器、围墙庭院中，任其在草坪中肆意生长成凹凸不平的灌木，或长在色彩缤纷的花圃中。

↕ 30~90 cm　↔ 30 cm

其他香草

- **莳萝（土茴香）：**芳香的一年生植物，空心茎，长有纤细、精致裁剪的绿叶，夏天开有伞状花序的黄色小花朵。可长至60cm高。

- **龙蒿（狭叶青蒿）：**灌木植物，人们种植它主要是因为其叶子，因为它的叶子，适合做沙拉或做调料。长有木质茎，细长的叶子，花朵不太显眼。可长至90cm高。

- **薄荷：**丛生的芳香、耐寒、多年生小植物，通常用在烹饪中。有很多不同的品种，比如普通薄荷、绿薄荷、苹果薄荷和凤梨薄荷，叶子揉碎后，每种薄荷都会散发出独特的香气。生长速度很快，非常适合盆栽庭院，不过种在花坛中可能会很具有入侵性，除非根部受到抑制。

- **香薄荷（冬香薄荷）：**叶片芳香的耐寒香草，叶片呈淡绿色，很小，开有淡紫色的小花朵。过去常常用来给汤和炖菜调味。非常适合种在香草庭院中，也可作为园景植物种在容器中。

果树和蔬菜

能吃的作物美观吗?

如果想种果树和蔬菜，有很多种方式。你可以建一块没有屏障的区域，种植长长的一排排抬高的小花圃，你可以在它们周围走动或走进去，方便进去打理，可以在花圃中种一种植物，可以在小小的几何图案花圃中种蔬菜、香草、沙拉作物，在露台上或整个围墙庭院中种植盆栽植物，而这仅仅是众多选择中的几个而已。

果树和蔬菜设计景观

人们多半忘记果树和蔬菜也像玫瑰般美观迷人。有什么会比结满了果实的西红柿或被维多利亚李子坠弯了树枝的果树更美观？当然，我们知道这些果实都很美味，不过确切地说，庭院设计师的窍门并非要忽略它们可以食用的特性，而是关注果树和蔬菜整体的观赏性和食用性等功能相结合。如果你从这一点看这些植物，西红柿、茄子、豆子、莴苣、西葫芦、苹果和无花果，便会马上看到这些植物适合任何庭院，既美观又美味！

花丛中的新鲜果树和蔬菜

草莓通常种在花盆中，不过何不更进一步，在花丛中种甜菜、莴苣和萝卜呢？

西红柿

不耐寒植物，叶片宽阔，呈绿色，结有红色的果实。

土壤和环境: 喜欢深层、肥沃、精翻、含有大量腐熟有机质的土壤，喜欢光照充足、有遮蔽的环境。

设计要点: 西红柿品种有很多，种植方式也有很多，可以种成灌木丛，可以用细绳或线架起来，也可以种在容器中，或种成果实坠在茎秆上弯下来的低矮灌木，有点像草莓。作为香草花圃的背景植物也很美观。

茄子

不耐寒植物，长有宽阔的绿叶子，结有紫色或白色的大果实。

土壤和环境: 喜欢的环境跟西红柿差不多——深层、肥沃、精翻、含有大量腐熟有机质的土壤，喜欢光照充足、有遮蔽的环境。

设计要点: 可以跟种西红柿一样，将它们种成灌木丛，可以用细绳或线架起来，可以种在容器中，或种成果实坠在茎秆上弯下来的低矮灌木。茄子很适合种在向阳的墙根处，也可以打造成农舍厨房庭院，将茄子种在花圃中。

豆子

半耐寒的多年生植物，通常是当作一年生植物来种植，长有宽阔的绿色叶子，开有豌豆般的花朵，结有一束束长豆荚。豆子有很多品种可选，有蚕豆、四季豆和红花菜豆等。

土壤和环境: 喜欢深层、肥沃、精翻、含有大量腐熟有机质的土壤，喜欢光照充足、有遮蔽的环境。

设计要点: 大部分豆子都长有大量观赏性绿叶，可以遮住难看的墙壁或建筑。

莴苣

大量用在莴苣中的半耐寒和耐寒植物。

土壤和环境： 一般喜欢深层、肥沃、精翻、含有大量腐熟有机质的土壤，喜欢光照充足、有遮蔽的环境。

设计要点： 除了直接切下来拿到厨房的结球莴苣和长叶莴苣，还有很多其他品种，比如羊生菜、西洋菜和芝麻菜，它们的叶子可以掐下来直接食用，所以莴苣完全可以种在花丛中。有些品种甚至也是很好的地被植物。

西葫芦

不耐寒植物，长有宽阔的绿色叶子，开有喇叭状黄色的迷人花朵，结有长圆柱状的果实。

土壤和环境： 喜欢深层、肥沃、精翻、含有大量腐熟有机质的土壤，喜欢光照充足、有遮蔽的环境。最适合种植在高地土壤中。

设计要点： 有很多类似西葫芦的蔬菜可以选择。西葫芦是非常漂亮的蔓性植物。如果将其种在遮阴的环境中，植物会弯弯曲曲爬蔓，繁茂的叶子底下开有很多花，结出很多果实。非常适合种在露台边，或烧烤区触手可及的地方。

苹果

耐寒植物，长有绿色，结有典型的绿色和红黄色结实果实。

土壤和环境： 喜欢深层、肥沃、排水良好的土壤，喜欢光照充足、有遮阴的环境。不喜欢渍水土壤。

设计要点： 苹果树可以独立生长，可以靠墙生长，可以架到藤架和架子上，也可以种成小灌木等。最适合种在现代小庭院的墙边。

无花果

长有手掌模样的叶子和梨状的果实。

土壤和环境： 喜欢普通的排水良好的土壤，上面铺一层约90cm厚的压碎的浆砌碎石，适合光照充足、有遮阴的环境。一定要抑制树根，控制其扩展度。

设计要点： 非常适合有遮阴的围墙庭院。如果你喜欢绿叶多过果实，就不需要铺碎石，只需为土壤施肥即可。

其他水果和蔬菜

- **黄瓜：** 跟西红柿的种植方式差不多，可以种成灌木或架到线上。喜欢有遮阴的向阳墙壁或栅栏。黄瓜的叶子和黄花很美观，适合种在儿童玩耍区，孩子们可以随时摘下尚小且嫩的黄瓜吃掉。

- **豌豆：** 另一种适合种在烧烤区附近的植物。如果打理得当，就可以做好肉或鱼，然后搭配新摘下的豌豆、莴苣叶、稍微烤过的西葫芦，或者还可以搭配几个小萝卜，这些菜都随手可得。

- **李子：** 很适合种在苹果树旁。结满了李子的维多利亚李子树压弯了树枝，是非常漂亮的，非常适合种在休息区域旁边。

- **土豆：** 一种相对较为容易种植的植物，长有大量叶子，开有漂亮的花朵，当然所有美味的土豆都藏在地下，等待着你去收获和吃掉。土豆是儿童庭院的另一个最佳植物，如果你想让孩子们吃掉这些蔬菜，那就让他们亲手种几棵，体会其中的乐趣。

- **萝卜：** 适合种在儿童庭院中的另一种植物。播种到收获只需三周，非常适合总是急于看到结果的孩子们。

- **甜菜：** 耐寒植物，长有边缘带点红色、黄色或橙色的绿叶，非常美观，且生命力较旺盛。这种植物非常适合种在儿童庭院中，孩子们或许不喜欢煮的白菜叶，不过他们会喜欢他们自己种的菠菜叶，稍微蒸一下，滴上点番茄汁，再搭配新鲜面包和黄油，孩子们会吃得很香。

- **草莓：** 矮生植物，长有荨麻状的叶子，长有圆鼓鼓的红色果实。草莓也是很好的地被植物，可以种在花盆中、窗台长花盆和吊篮中。